全国高等教育环境设计专业示范教材

# 植 物 造 景 设 计

陈 教 斌　陆 万 香　王 婷 婷 / 编著

## PLANT LANDSCAPE DESIGN

重庆大学出版社

**图书在版编目（CIP）数据**

植物造景设计 / 陈教斌，朱勇，王婷婷，陆万香编著.—
重庆：重庆大学出版社，2015.1
全国高等教育环境设计专业示范教材
ISBN 978-7-5624-8479-0

Ⅰ.植… Ⅱ.①陈…②朱…③王…④陆… Ⅲ.①园林植
物—景观设计—高等学校—教材 Ⅳ.①TU986.2

中国版本图书馆CIP数据核字（2014）第177946号

全国高等教育环境设计专业示范教材

**植物造景设计** 陈教斌 朱勇 王婷婷 陆万香 编著
ZHIWU ZAOJING SHEJI

策划编辑：周　晓
责任编辑：文　鹏　　　　　版式设计：汪　泳
责任校对：秦巴达　　　　　责任印制：赵　晟

重庆大学出版社出版发行
出版人：邓晓益
社　址：重庆市沙坪坝区大学城西路21号
邮　编：401331
电　话：（023）88617190　88617185（中小学）
传　真：（023）88617186　88617166
网　址：http://www.cqup.com.cn
邮　箱：fxk@cqup.com.cn（营销中心）
全国新华书店经销
重庆市金雅迪彩色印刷有限公司印刷

开本：787×1092　1/16　印张：7.25　字数：190千
2015年1月第1版　　2015年1月第1次印刷
印数：1—5 000
ISBN 978-7-5624-8479-0　　定价：48.00元

# 前　言

　　英国的George Anderson先生（原爱丁堡皇家植物园园长）指出："不懂植物景观的设计是不值得信任的"，可见植物造景在园林规划设计中的重要作用。我国是一个发展中国家，经济的发展和人们的生活水平还有待加快和提高，软景的设计在园林景观规划设计中显得尤为重要，而植物造景是软景中很重要的部分。植物造景设计以师法自然为准则，从中提炼出在设计中应遵循的科学性、艺术性、文化性。因此植物造景设计需要有丰富的植物学、生态学、地理学、林学、园艺学、工程学以及艺术学、文学等综合知识。

　　本书共分为7章。第1章植物造景设计概述，主要阐述植物造景设计的概念，明确植物造景设计的任务，了解国内外植物造景设计概况，理解植物造景设计的各项功能以及植物造景设计的特性和应用等基础知识；第2章植物造景设计的生态性，主要阐述植物造景设计的生态理念和基础理论，包括生态因子和生态观方面的知识；第3章植物造景设计的程序原则和方法，主要阐述植物造景设计的基本程序，植物造景设计的基本原则，植物造景设计的主要方法；第4章植物组合造景设计，在了解植物单独配置应用方式的基础上，学习植物与其他造景要素组合造景的基本形式与要求；第5章室内植物造景设计，主要阐述室内环境的特点以及室内植物选择应注意的事项，了解室内植物造景的主要场所与设计形式，熟悉室内植物造景设计的原则以及室内植物的栽培和养护管理等基础知识；第6章特殊环境的植物造景设计，主要阐述特殊环境的概念、分类和特点，了解几种特殊的自然、地理、气候环境下适合的植物种类及其设计、养护管理等知识，熟悉几种特殊主题空间环境的植物造景应注意的事项；第7章植物造景设计图纸表现，主要阐述园林植物造景设计的图纸的分类和要求，植物造景设计的流程和内容，熟悉植物造景设计图纸的常用表现技法，培养植物造景设计案例的鉴赏和评价能力。

　　每章前面有学习目的和要求，每章后面有知识点，以便同学查阅和复习；思考题则是提供给同学课后训练和思考的方向；作业是课程内容之外还应加深的知识和技能；而拓展阅读则是提供与课程有关的一些网页和参考咨询。

　　本书适合高校风景园林专业、园林专业、景观设计专业、艺术设计专业及其他相关专业学生使用，同时也可为园林绿化从业人员的实际工作提供一些借鉴。

编　者

# 目　录

# 1 植物造景设计概述

**★目的要求**

本章要求掌握植物造景设计的概念，明确植物造景设计的任务，了解国内外植物造景设计概况，理解植物造景设计的各项功能以及植物造景设计的特性和运用等基础知识。

植物造景设计是一门研究环境树木、花卉等特性以及造景设计的基本理论与应用技艺的学科，属应用型学科，是环境艺术专业学生必修专业课之一。

追寻自然、崇尚自然、引入自然，并回归自然、保护自然、再创自然，这已成为现代园林发展的趋势。在这种趋势的影响下，植物作为造园的一种素材被重视并大力推广。利用植物来创造优美的景观，改善人类居住环境，满足人类对生活美、自然美、艺术美的追求，使得人与自然和谐共生、发展，这就是植物造景设计的重要意义。

## 1.1 植物造景设计的概念及任务

### 1.1.1 植物造景设计的概念

植物造景设计就是运用园林植物素材，如乔木、灌木、藤本以及草本植物等，遵循一定的设计原则，综合考虑各种生态因子的作用，同时注重与周围环境相协调，充分发挥植物本身的形态、线条、色彩等自然美来创造优美的园林风景。

园林植物造景设计是园林绿化以及园林景观营造的基础。它是根据园林布局或空间整体规划的要求，对植物进行合理配置，综合了美学、生态学以及经济学等各个方面，使植物能发挥出它们的园林功能，充分展示出它们的观赏特性，有效地进行环境的美化与绿化。在造景设计中，植物作为造景的基础材料和基础单元，正如同颜料之于画布，如何配置才能最合理、最美观、最经济并达到整体空间的规划要求，这需要从各个环节做大量细致的工作。法国、意大利、荷兰等国的古典园林中，植物景观多半是规则式。究其根源，主要始于体现人类征服一切的思想，植物被整形修剪成各种几何形体及鸟兽形体，以体现植物也服从人们的意志。当然，在总体布局上，这些规则式的植物景观与规则式建筑的线条、外形乃至体量较协调一致，有很高的人工美的艺术价值。如用欧洲紫杉修剪成又高又厚的绿墙，与古城堡的城墙非常协调；植于长方形水池四角的植物也常被修剪成正方形或长方形体；锦熟黄杨常被剪成各种模纹或成片的绿毯；尖塔形的欧洲紫杉植于教堂四周；甚至一些行道树的树冠都被剪成几何形体。规则式的植物景观具有庄严、肃穆的气氛，常给人以雄伟的气魄感，如图1-1~图1-3所示。另一种则是自然式的植物景观，模拟自然森林、草原、草甸、沼泽等景观及农村田园风光，结合地形、水体、道路来组织植物景观，以便进行从宏观的季相变化到枝、叶、花、果、刺等细致的观赏，以体现植物自然的个体美及群体美。自然式的植物景观容易体现宁静、深远、活泼的气氛。如今，人们的审美修养不断提高，不愿再将大笔金钱浪费在养护管理整形的植物景观上，人们向往自然，追求丰富多彩、变化无穷的植物美，于是，在植物造景中提倡自然美，创造自然的植物景观已成为新的潮流，如图1-4所示。

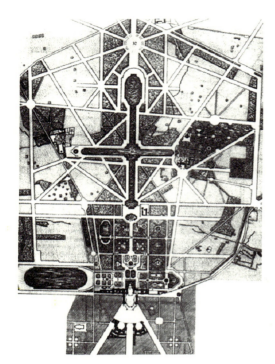

图1-1 法国凡尔赛宫苑平面图

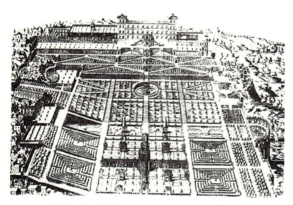

图1-2 埃斯特公园效果图

图1-3 法国图案式园林效果图

图1-4 自然式的植物景观

## 1.1.2 植物造景设计的任务

植物除了能创造优美舒适的环境，更重要的是能创造适合于人类生存所要求的生态环境。随着世界人口密度的加大，工业飞速地发展，人类赖以生存的生态环境日趋恶化，工业所产生的废气、废水，废渣污染环境，酸雨时有发生，危及人类的温室效应并造成了很多反常的气候。人们不禁惊呼，如再破坏植物资源，必将自己毁灭自己，只有重视和保护环境，才能拯救自己。为此，当今世界上对园林这一概念已不仅是局限在一个公园或风景点中，有些国家从国土规划就开始注重植物景观了。

一些新城镇建立之前，先在四周营造大片森林，如山毛榉林、桦木林等，创造良好的生态环境，然后在新城镇附近及中心重点美化。英国在规划高速公路时，需先由风景设计师确定线路，采用蜿蜒曲折、波状起伏的线路，前方常有美丽的植物景观。司机开车时，车移景异，一路上有景可赏，不易疲劳。高速公路两旁结合保护自然资源，植有20余米宽的林带，使野生小动物及植物有生存之处。

所以，植物造景设计的任务不仅仅是创造优美的自然景观，还在于创造良好的生态环境。

## 1.2 国内外植物造景设计概况

现代园林的概念和起始时间一直是大家关心的问题。在园林界常遇到两种意见：一种是以美国公园运动的兴起为标志，并把奥姆斯特德（F·L·Olmsted，1822—1903）尊称为现代园林之父；另一种认为经历了"现代运动"之后，伴随着现代绘画、现代雕塑和现代建筑的兴起而产生的新园林才是现代园林。尽管这两种观点在现代园林的起始时间上并不一致，但有一点是相同的，他们都考虑到了现代社会对园林发展的影响。实际上，现代科学、现代艺术或现代生活的发展并不完全同步，因此，把现代园林作为一个逐渐形成的概念，与此相对应的植物造景设计也应该有这样一个变化的过程，较早是生态学和植物学的引入，使造景材料的选择和造景设计的形式与结构发生了一定的变化；然后是受现代艺术、功能主义等影响，植物造景的形式与结构发生了更为深刻的变革；审美意境的重视程度在近百余年的历史上此起彼伏，而在20世纪70年代以后明显得到了更多的推崇。由于园林是一门综合性和应用性学科，所以现代园林植物造景设计的发展始终与其他有关学科的发展紧密相连，并表现出理论和实践相互促进的特点。

### 1.2.1 中国古典园林植物造景设计

中国古典园林的主要特点是借鉴自然，以多姿多彩的自然地貌为蓝本，尊重自然、与自然相亲相近，即所谓"以真为假"来塑造园林地貌，而且要继承中国传统的筑山理水手法，"做假成真"，使园林地貌出于自然又高于自然。通过巧妙绝笔的抑景、添景、夹景、对景、框景、漏景、点景、借景等造景手法，融情于景，构思新颖，让人们觉得有种"虽由人作，宛自天开"的艺术效果。

园林植物造景设计是天巧与人工的合一。一方面，它以植物体有生命的自然物为对象，必须考虑生态特点、植物特征、季节变化等自然因素；另一方面，是为人营造一种理想的人居环境，它也必然要反映人的要求、人的情感和人的理想。因此，园林植物造景设计要同时处理好两方面的关系：一是与自然的关系；二是与社会文化的关系。

中国古典园林植物造景设计是中国古代文化思想以及中国人的自然观和社会观的折射和反映。中国古典园林造景主要是受三种意识形态的影响：一是"天人合一"的思想；二是"君子比德"的思想；三是"神仙"思想。

"天人合一"既要利用大自然的各种资源使其造福人类，又要尊重大自然、保护大自然及其生态。古人认为"人"和"天"存在着一种有机联

图1-5 人化自然

图1-6 天巧与人工的结合

系，强调人与自然的和谐统一。"天人合一"的理念直接影响了传统园林的植物造景设计。在理景原则上，它表现为植物造景尊重自然，并通过创造一种"人化自然"（图1-5），把自然环境、园林景观和人的生活融为有机整体；在理景手法上，它以"源于自然，高于自然"的植物造景理法，把"天巧"和"人工"（图1-6）巧妙地结合起来；在形式上，植物造景设计注重自然美和艺术文化美的融合。可以说，"天人合一"理念是中国传统园林设计的根本理念，它贯穿于植物造景设计的始终。

"君子比德"思想源于先秦儒家文化，从功利、伦理道德的角度来认识大自然。表现在植物造景设计上，主要是运用园林植物景观的意境美，以柳比女性、比柔情，以花比美貌，以松、柏、梅比坚贞、比意志，以竹比清高、比节操；四时造景，用花卉有春桃、夏荷、秋菊、冬梅的造景手法，用树木有春柳、夏槐、秋枫、冬柏的造景手法，如柳浪闻莺、曲院风荷等（图1-7、图1-8）；以松、竹、梅表岁寒三友，梅、兰、竹、菊表四君子，兰被认为最雅，紫荆表兄弟和睦，含笑表情深，木棉表英雄，牡丹因花大艳丽表富贵，白杨萧萧表惆怅伤感，翠柳依依表情意绵绵。古人经常把玉兰、海棠、迎春、牡丹、桂花组合在一起进行植物造景，寓意"玉堂春富贵"。

"神仙"思想产生于周末，盛行于秦汉，是原始的神灵、山岳崇拜与道家的老子、庄子学说的混合产物。中国的神仙文化深深地扎根在民间，渗透于社会生活的方方面面，在民间发挥着深远的影响，并通过各种民间信仰和风俗活动直接体现出来。另一方面，"神仙"思想又向艺术创作渗透，给中国的艺术文化提供了非凡的想象空间，从史传文学、诗赋散文、绘画、音乐到建筑、雕塑、工艺美术等，皆能看到其若隐若现的影子。中国古典园林作为中国传统艺术的奇葩，从一开始就与中国的"神仙"文化结下了不解之缘，从周文王的灵台灵囿到秦始皇的阿房宫，再到汉武帝的上林苑，神仙传说始终在皇家园林的建设中占有不可或缺的地位。传说东海有仙山三座，为蓬莱、方丈、瀛洲，古人园林造景会有意在池中堆砌三座假山，以示东海仙境，即所谓"一池三山"的造景手法（图1-9）。

图1-7　柳浪闻莺

图1-8　曲院风荷

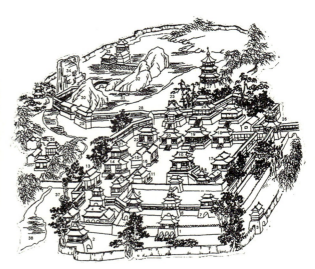

图1-9　秦汉宫苑"一池三山"

## 1.2.2　中国园林植物造景设计的现状

　　植物景观既能创造优美的环境，又能改善人类赖以生存的生态环境，对于这一点是公认而没有异议的。然而在现实中往往有两种观点和做法存在，一种是重园林建筑、假山、雕塑、喷泉、广场等，而轻视植物。这在园林建设投资的比例及设计中屡见不鲜。更有甚者，某些偏激者认为中国传统的古典园林是写意自然山水园，山水便是园林的骨架，挖湖堆山理所当然，植物只是毛发而已。

　　仔细分析中国古典园林，尤其是私人宅园中各园林因素比例的形成是有其历史原因的。私人宅园的面积较小，园主人往往是一家一户的大家庭，需要大量居室、客厅、书房等，因此常常以建筑来划分园林空间，建筑比例当然很大。园中造景及赏景的标准常重意境，不求实际比例，着力画意，常以一亭一木、一石一草构图，一方叠石代巍峨高山，一泓水示江河湖泊，室内案头置以盆景玩赏，再现飓尺山林。植物景观的欣赏常以个体美及人格化含义为主，如松、竹、梅为岁寒三友；梅、兰、竹、菊喻四君子；玉兰、海棠、牡丹、桂花示玉棠富贵等。因此植物种类用量都很少。这固然满足了一家一户的需要，但不是当今园林中植物造景的方向。

　　如今，人口密度、经济建设、环境条件甚至人们的爱好与古代相比已相去甚远，故我们园林建设中除应保留古典园林中一些园林艺术的精华部分，还需提倡和发扬符合时代潮流的植物造景内容。某些人在园林建设中急于求成，植物需要有较长时间的生长才见效，而挖湖堆山、叠石筑路，营造亭、台、楼、阁则见效快，由此也助长了轻植物的倾向，使本来就很有限的绿地面积得不到充分利用。更有甚者，有的在真山上叠假山，假山越叠越高，叠得收不住顶；有的将不同质地及颜色的石料犬牙交错、粗糙地堆砌在一起，犹如刀山剑树。遗憾的是，有些新中国成立后才建起来的植物景观比例较大的新公园，也在这股风中大兴土木，筑台建亭，而且建筑体量越来越大，将本来的单体建筑扩大到建筑群，减少了绿地面积。最不能容忍的是，在景点周围随意建造大体量的高层建筑，以致破坏了园林景观。近年来兴起喷泉，有的追求喷得高，有的乱择地点，竟然在原来景观很好的湖中设喷泉，破坏了湖中倒影美景。

　　另一种观点是提倡园林建设中应以植物景观为主。认为植物景观最优美，是具有生命的画面，而且投资少。自从我国对外开放政策实施后，很多人有机会了解西方国家园林建设中植物景观的水平，深感仅依靠我国原有传统的古典园林已满足不了当前游人游赏及改善环境生态效应的需要了。因此在园林建设中已有不少有识之士呼吁要重视植物景观。植物造景的观点越来越为人们所接受。近年来不少地方园林单位积极营造森林公园，有的已开始尝试植物群落设计（图1-10）。相应的部门也纷纷成立了自然保护区、风景区（图1-11）。另一方面，园林工作者与环保工作者相互协作，对植物抗污、吸毒及改善环境的功能做了大量的研究，但

图1-10　植物群落设计

图1-11　九寨沟自然风景保护区

与国外园林水平相比，还存在着较大的差距。

首先，我国园林中用在植物造景上的植物种类很贫乏。如国外公园中观赏植物种类近千种，而我国广州也仅用了300多种，杭州、上海用了200余种，北京用了100余种，兰州不足百种。我国植物园中所收集的活植物没有超过5 000种的，这与我国资源大国的地位是极不相称的。难怪一些外国园林专家在撰写中国园林时对我国园林工作者置丰富多彩的野生园林植物资源而不用，感到迷惑不解。

其次，我国观赏园艺水平较低，尤其体现在育种及栽培养护水平上。一些以我国为分布中心的花卉，如杜鹃、报春、山茶、丁香、百合、月季、翠菊等，不但没有加以很好的利用，育出优良的栽培变种，有的反而退化得不宜再用了。

最后，在植物造景的科学性和艺术性上也相差甚远。我们不能满足于现有传统的植物种类及配置方式，应向植物分类、植物生态、地植物学等学科学习和借鉴，提高植物造景的科学性。

### 1.2.3　国外植物造景设计发展动态

18世纪60年代，以英国为首的西方国家开始了工业革命，城市化进程迅速加快。1800年，世界城市人口只占总人口的3%，1900年已达13.6%，而1925年这个数字上升到21%。城市的快速发展繁荣了经济，促进了文化事业的进步，同时也带来了大量的社会和环境问题；同时期，生物学、博物学等学科迅速崛起，大机器生产对传统手工业和工艺产生了巨大的冲击，人们面临一个新的世界。在问题和科学技术的双重催生下，19世纪初开始出现了包括植物造景设计在内的一系列新思想和新方法，导致了传统园林植物造景的部分变革。

18世纪中叶，现代城市公园开始产生。起先是部分私家园林对公众的开放，而后开始有新建的公园，如在1804年出现了德国设计师斯开尔（Friedrich udwig von Sckell，1750—1832）在德国慕尼黑设计的面积达366 km²的"英国园"（Englischer Garten）。1854年，奥姆斯特德主持设计了纽约中央公园（图1-12、图1-13）。

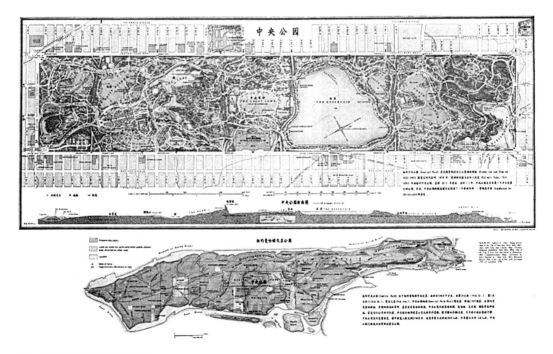

图1-12　纽约中央公园平面图

图1-13 纽约中央公园效果图

此后在美国掀起了一场声势浩大的公园运动，并逐渐影响到了世界各地。这个时期园林植物造景设计形式上虽然主要是沿袭自然式风景园的外貌，但在设计思想和植物群落结构上明显有了更多的生态意识和相应的措施。考虑到城市化带来的原生态植被的急剧退化，延斯·延森（Jens Jensen，1860—1951）等一些美国景观设计师从19世纪末就开始尝试在花园设计中直接从乡间移来普通野花和灌木进行植物造景设计；1917年，受中西部草原派设计和现代生态学思想的影响，美国景观设计师弗莱克·阿尔伯特·沃（Waugh Frank Albert，1869—1943）提出了将本土物种同其他常见植物一起结合自然环境中的土壤、气候、湿度等条件进行实际应用的理念；荷兰生物学家缔济（Jaques Pthijsse，1865—1945）也从20世纪20年代起就开始了自然生态园的研究和实践；荷兰的一些生物学家还在布罗克辛（Broekhungen）

图1-14 维多利亚花园

建造了一所试验性生态园，一座试图让植被自然发育的园林；伦敦的威廉·柯缔斯（Willian Curtis）生态公园则建在建筑密集的住宅区里，该园尝试着观察在城市环境下动植物的生长。

19世纪末和20世纪初，园林植物造景在形式上有了一系列有意义的探索。如英国园林设计师鲁滨逊（William Robinson，1838—1935）主张简化烦琐的维多利亚花园（图1-14），满足植物的生态习性，任其自然生长；英国园艺学家杰基尔（Gertrude Jekyl，1843—1932）和路特恩斯（Edwin Lutyens，1869—1944）强调从大自然中获取灵感，并大力提倡以规则式为结构，以自然植物为内容的布置方式；新艺术运动中的重要成员、德国建筑师莱乌格（Max Laeuger，1864—1952）主张抛弃风景的形式，把园林作为空间艺术来理解等。尽管因为社会的发展未到一定阶段或由于植物造景设计在当时只要被看成是一种园艺或生态环境，这些变革在当时还没有形成燎原之势，但他们的努力为其后园林形式上的革新做了必要的准备。随着现代艺术、现代雕塑和现代建筑在革新上的巨大成功和广泛影响，1930年前后园林设计也终于发生了显著的变化。首先是实践上的突破，如在巴黎"现代工艺美术展"上展出的"光与水庭院"（Gabriel Guevrekian，1925）、建在美国西部的"公共图书馆露天剧场"和"蓝色的阶梯"（Fletcher Steele，1938）等明显受到了现代艺术的影响，开始用抽象艺术的方法进行植物造景设计；其后，陆续有理论上的总结与研究。虽然在我们阅读过的文献里，将近百来年园林植物造景设计发展作为一个专题进行系统研究的论文并不多，但以园林植物造景设计为主题并明显带有现代研究思想的论著却并不少见。与此同时，许多设计师在介绍他们的设计项目或思想的时候对植物造景设计的理论与方法也经常进行讨论。如艾克博针对当时植物空间设计很少考虑使用功能的状况提出了自己的见解，即"有必要把它们（植物）从团块里分出来，根据不同的使用目的、环境、地形和场地内已有的元素而安排成不同的形状。所采用的技术将会比传统的设计更复杂，但是，我们因此而获得了有机组织的空间，人们可以在那里生活和娱乐，而不只是站立和观看"。这些文章所论及的思想和方法展示了现代园林植物造景设计和与时俱进的轨迹，伟大的创意和解决问题的能力，是留给人类的一笔宝贵财富。

20世纪40—60年代是建筑上现代主义的黄金时代。植物造景设计虽然没有狂热的追随，但布雷·马科斯（Burle Marx，1909—1994）、托马斯·丘奇（Thomas Church，1902—1978）等大师在园林设计形式和功能上的革新却明显受到现代建筑的影响，带有现代主义的特征。20世纪70年代，随着环境运动的诞生，生态问题成了社会关注的焦点，"保护和凝聚，保护和过程占据了统治地位"（Warren Byrd，1999）。受景观设计师伊恩·麦克哈格（Ian Mcharg 1920—2001）著作《设计结合自然》的影响，植物造景设计开始更多地关注保护和改善环境的问题。几乎与此同时，随着"后现代主义"的兴起，文化又重新得到重视，玛莎·施瓦茨的"城堡"广场、G.Clement和A.Provost等人的巴黎雪铁龙公园的植物造景设计明显具有了更多文化的意味。20世纪80年代以后，整个社会开始意识到科学与艺术结合的重要性与必要性，植物造景设计在创作和研究上也反映出更多"综合"的倾向。如《Planting Design:A Manual of Theory and Practice》（Nelson，1985）、《Planting the Landscape》（Nancy A.Leszczynski，1999）等著作的共同特点是强调功能、景观与生态环境相结合。

## 1.3　植物造景设计的功能

园林让生活更美好，而植物是园林设计最重要的元素，它会带来社会、环境和经济方面的各种效益。植物造景设计的功能大致可分为6个方面：生态功能；美化功能；实用功能；情感功能；商业功能；其他功能。

### 1.3.1　生态功能

植物造景设计的生态功能有：保护、改善环境；环境监测；环境指示。

（1）保护和改善环境

植物保护和改善环境的功能主要表现在作为城市的"肺脏"、调节温度、调节湿度、净化空气、杀死病菌、净化污水、净化土壤、通风防风、减低噪声等多个方面（图1-15）。

①城市的"肺脏"

通常情况下，大气中的二氧化碳含量为0.03%左右，氧气含量为21%。随着中国城市人口不断集中，工业生产发展所放出的废水、废气、

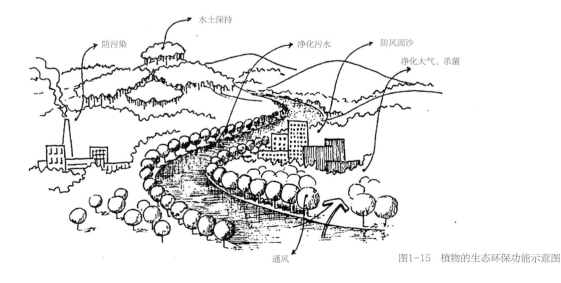

图1-15　植物的生态环保功能示意图

燃烧烟尘和噪声也越来越多，相应氧气含量减少，二氧化碳增多。这不仅影响了环境质量，而且直接损害人们的身体健康。如果有足够的园林植物进行光合作用，吸收大量的二氧化碳，放出大量氧气，就会改善环境，促进城市生态良性循环。不仅可以维持空气中的氧气和二氧化碳的平衡，而且会使环境得到多方面的改善。据统计，地球上60%的氧气是由森林绿地供给。每公顷园林绿地每天能吸收近900 kg的二氧化碳，生产600 kg的氧气；据试验，只要25 m²草地或10 m²树木，就能把每人每天呼出的二氧化碳全部吸收。由于城市中的新鲜空气来自园林绿地，所以城市园林绿地被称为"城市的肺脏"。

②调节温度

城市园林绿地中的树木在夏季能为树下游人阻挡直射阳光，并通过它本身的蒸腾作用和光合作用消耗许多热量。据测定，盛夏树林下气温比裸地低3~5 ℃。绿色植物在夏季能吸收60%~80%日光能，90%辐射能，使气温降低3 ℃左右；园林绿地中地面温度比空旷地面低10~17 ℃，比柏油路低8~20 ℃，有垂直绿化的墙面温度比没有绿化的墙面温度低5 ℃左右。

③调节湿度

人们感觉舒适的相对湿度为30%~60%，而园林植物可通过叶片蒸发大量水分。据北京园林局测定，1 hm²的阔叶林夏季能蒸腾2 500 t水，比同面积的裸露土地蒸发量高20倍。每公顷油松林，每日蒸腾量为43.6~50.2 t，加杨树每日蒸腾量为57.2 t，所以它能提高空气湿度。据测定，公园的湿度比其他绿化少的地区高27%，行道树也能提高相对湿度10%~20%。冬季，因为绿地中的风速小，气流交换弱，土壤和树木蒸发水分不易扩散，所以相对湿度也高10%~20%。由于空气相对湿度的增加，大大改善了城市小气候，使人们在生理上具有舒适感。

④净化空气

粉尘、二氧化碳、氟化氢、氯气等有害物质是城市的主要污染物质。而二氧化硫数量多，分布广，危害最大。据研究，许多园林植物的叶片具有吸收二氧化硫的能力。松林每天可从1 m³的空气中吸收20 mg二氧化硫；每公顷柳杉林每天能吸收60 mg二氧化硫。很多树叶中含硫量可达0.4%~3%。上海园林局测定，女贞、泡桐、刺槐、大叶黄杨等都有很强的吸氟能力；构树、合欢、紫荆、木槿具有较强的抗氯吸氯能力。据统计，工业城市每年降尘量平均为500~1 000 t/km²，特别是某些金属、矿物、碳、铅等空气中的尘埃、油烟、碳粒等。粉尘一方面降低了太阳的照明度和辐射强度，削弱了紫外线；另一方面，飘尘随着人们呼吸进入肺部，产生气管炎、尘肺、矽肺等疾病。1952年英国伦敦因燃煤粉尘危害，致使4 000多人死亡，被称为世界"烟雾事件"。20世纪70年代末期上海肺癌死亡居癌病之首。合理配置绿色植物，可以吸收有毒气体，阻挡粉尘飞扬，净化空气。如悬铃木、刺槐林可使粉尘减少23%~52%，使飘尘减少37%~60%。绿化好的上空大气含尘量通常较裸地或街道少1/3~1/2。一条宽5 m的悬铃木树林带可使二氧化硫浓度降低25%以上，加杨、桂香柳等能吸收醛、酮、醇、醚等有毒气体。草坪还可以防止灰尘再起，从而减少了人类疾病的来源。

一般树木叶面积是其占地面积的60~70倍；草坪中草的叶面积是占地面积的20~30倍。有很多树叶表面凹凸不平，或长有茸毛，或能分泌黏性物质等，其上可附着大量蒙尘。据测定，某工矿区直径在10 μm以上的粉尘比公园绿地多6倍；工业区空气中的飘尘比绿化区多10%~50%；有草坪的足球场比未铺草坪的足球场上空含尘量少2/3~5/6。所以绿色的园林植物被称为"绿色的过滤器"。

⑤杀死病菌

由于园林绿地上有树木、草、花等植物覆盖，其上空的灰尘相对减少，因而也减少了粘附在其上的病原菌。另外，许多园林植物还能分泌出一种杀菌素，所以具有杀菌作用。例如1 hm²柏树林每天能分泌30 kg的杀菌素，可以杀死白喉、肺结核、伤寒、痢疾等病菌。桦木、桉树、梧桐、冷杉、毛白杨、臭椿、核桃、白蜡等都有很好的杀菌能力。

据南京植物研究所测定，绿化差的公共场所的空气中含菌量比植物园高20多倍。松林、柏树、樟树的叶子能散发出某些物质，杀菌力强；而草坪上空尘埃少，可减少细菌扩散。据法国测定，百货商场空气含菌量高达400万个/m³，林荫道为58万个/m³，公园为1 000个/m³，林区只有55个/m³。可见绿化好坏对环境卫生具有重要作用。所以把园林绿化植物称为城市的"净化器"。

⑥净化水体

城市和郊区的水体，由于工矿废水和居民生活污水的污染而影响环境卫生和人们身体健康。研究证明，树木可以吸收水中的溶解物质，减少水中含菌数量。30~40 m宽林带树根可将1 L水中含菌量减少1/2。芦苇能吸收酚，每平方米芦苇1年可积聚6 kg的污染物，杀死水中大肠杆菌。种芦苇的水池比一般草水池中水的悬浮物减少30%，氯化物减少66%，总硬度降低33%。水葱可吸收污水池中有机化合物。水葫芦能从污水里吸取汞、银、金、铅等重金属物质，并能降低镉、酚、铬等有机化合物。

⑦净化土壤

园林植物的根系能吸收土中有害物质，起到净化土壤的作用。植物根系能分泌使土壤中大肠杆菌死亡的物质，并促进好气细菌增多几百倍甚至几千倍，还能吸收空气中的一氧化碳，故能促进土壤中的有机物迅速无机化，不仅净化了土壤，也提高了土壤肥力。

⑧通风、防风

城市中的道路、滨河等绿带是城市的通风渠道。如绿带与该地区夏季的主导风向一致，可将该城市郊区的气流引入城市中心地区，大大改善市区的通风条件。如果用常绿林带在垂直冬季的寒风方向种植防风林，可以大大地降低冬季寒风和风沙对市区的危害。

由于建设城区集中了大量的水泥建筑群和路面，在夏季受到太阳辐射增热很大，再加上城市人口密度大，工厂多，还有燃料的燃烧、人的呼吸，因此气温会大大增高。如果城市郊区有大片绿色森林，其郊区的凉空气就会不断向城市建筑地区流动，调节了气候，输入了新鲜空气，改善了通风条件。

据测定，一个高9 m的复层树林屏障，在其迎风面90 m、背风面270 m内，风速都有不同程度的减少。另外，防风林的方向位置不同还可以加速和促进气流运动或使风向改变。

⑨减低噪声

由于城市中的交通和工厂繁忙，其噪声有时很严重。当噪声强度超过70 dB时，就会使人产生头晕、头痛、神经衰弱、消化不良、高血压等病症。而绿色植物对声波有散射、吸收作用，如40 m宽的林带可以降低噪声10~15 dB；高6~7 m的绿带平均能减低噪声10~13 dB；一条宽10 m的绿化带可降低噪声20%~30%。因此，植物又被称为"绿色消声器"。

绿色植物是生命的象征，其维护生态平衡，促进生态系统良性循环，保障人类生产、生活、安全的功能是其他物质设施不可代替的。例如美国，其人口占世界总人口的1/20，每年燃油产生的二氧化碳占全球的1/4，"温室效应"正严重地威胁着美国人甚至全人类的生存环境，但又不可能利用工厂来生产氧气以解决缺氧问题。1988年10月12日起至1992年，美国城镇地区开展一场群众性植树造林运动，在城市、庭院、企事业单位周围大量适宜植树的地上栽植1亿株树木，计划完成后，每年将吸收18 000 kt二氧化碳，节约40亿美元的能源投资。

（2）环境监测与指示植物

科学家通过观察发现，植物对污染的抗性有很大的差异，有些植物十分敏感，在很低浓度下就会受到伤害，而有些植物在较高浓度下也不受害或受害很轻。因此，人们可以利用某些植物对特定污染物的敏感性来监测环境污染的状况（表1-1）。利用植物这一"报警器"，简单方便，既监测了污染，又美化了环境，可谓一举两得。

由于植物生活环境固定，并与生存环境有一定的对应性，所以植物可以指示环境的状况。那些对环境中的一个因素或某几个因素的综合作用具有指示作用的植物或植物群落被称为指示植物

表1-1　环境污染指示植物

| 污染物 | 症　　状 | 受害部位及其顺序 | 监测植物 |
|---|---|---|---|
| SO₂ | 叶脉间出现黄白色点状"烟斑"，轻者只在叶背气孔附近，重者从叶背到叶面均出现"烟斑" | 早期是叶片受害，然后是叶柄受害，后期为整个植株受害。先成熟叶受害，然后是老叶，最后是幼叶 | 地衣、紫花苜蓿、菠菜、胡萝卜、凤仙花、翠菊、四季秋海棠、天竺葵、锦葵、含羞草、茉莉、杏、山定子、紫丁香、月季、枫杨、白蜡、连翘、杜仲、雪松、红松、油松、大麦、燕麦、葡萄、桃李、梧桐、棉花、紫茉莉等 |
| Cl₂氯化物 | 点、块状褪色伤斑、叶片严重失绿，甚至全叶漂白脱落 | 其伤斑部位大多在脉间，伤斑与健康组织之间没有明显界限 | 波斯菊、金盏菊、凤仙花、天竺葵、蛇目菊、硫华菊、锦葵、四季秋海棠、福禄考、一串红、石榴、竹、复叶槭、桃、苹果、柳、落叶松、油松、报春花、雪松、黑松、广玉兰等 |
| HF氟化物 | 其伤斑呈环带分布，然后逐渐向内扩展，颜色呈暗红色，严重时叶片枯焦脱落 | 伤斑多集中在叶尖、叶缘，叶脉间较少。先幼叶受害，再老叶受害 | 唐菖蒲、玉簪、郁金香、锦葵、地黄、万年青、萱草、草莓、雪松、玉蜀、杏、葡萄、榆叶梅、紫薇、复叶槭、梅、杜鹃、剑兰等 |
| 光化学烟雾 | 片背面变成银白色、棕色、古铜色或玻璃状。叶片正面还会出现一道横贯全叶的坏死带，受害严重时会使整片叶变色，很少发生点块状伤斑 | 伤斑大多出现在叶表面，叶脉间较少。中龄叶最先受害 | 菠菜、莴苣、西红柿、兰花、秋海棠、矮牵牛、蔷薇、丁香、早熟禾、美国五针松、银槭、梓树、皂荚、葡萄、悬铃木、连翘、女贞、垂柳、山荆、杏、桃、烟草、菠萝等 |
| NO₂ | 出现黄化现象，呈条状或斑状不一，幼叶在黄化现象产生之前就可能先脱落 | 多出现在叶脉间或叶缘处 | 榆叶梅、连翘、复叶槭等 |
| NH₃ | 伤斑点、块状、颜色为黑色或黑褐色 | 多为叶脉间 | 悬铃木、杜仲、龙柏、旱柳等 |

（Indicator Plant，Plant Indicator）。按指示对象可分为以下几类：

①土壤指示植物：如杜鹃、杉木、油茶、马尾松等是酸性土壤的指示植物；柏木为石灰性土壤的指示植物。

②气候指示植物：如椰子开花是热带气候的标志。

③矿物指示植物：如海洲香蕉是铜矿的指示植物。

④环境污染指示植物：如表1.1中所列举的环境监测植物。

⑤潜水指示植物：可指示潜水埋深的深度、水质及矿化度，如柳是淡潜水的指示植物；骆驼刺为微咸潜水的指示植物。

此外，植物的某些特征，如花的颜色、生态类群、年轮、畸形变异、化学成分等也具有指示某种生态条件的作用，在这里就不一一列举了。

## 1.3.2　美化功能

在城市中，由于大量的硬质楼房形成轮廓挺直的建筑群体，而园林植物造景则为柔和的软质景观。两者配合得当，便能丰富城市建筑群体的轮廓线，形成街景，成为美丽的园林街、花园广场和滨河绿带等。特别是城市的滨海和沿江的园林绿化带，能形成优美的城市轮廓骨架。城市中由于交通的需要，街道成网状分布，如在道路及城市广场形成优美的林荫道绿化带，既衬托了建筑，增加了艺术效果，也形成了园林街和绿色走廊（图1-16），遮挡不利观瞻的建筑，使之形成绿色景观。因此生活在闹市的居民在行走中便能观赏街景，得到适当的休息。青岛市海滨绿化，使全市形成山林

图1-16　杭州花港观鱼公园局部植物景观效果

海滨城市的特色；上海市的外滩滨江绿带，衬托了高耸的楼房，丰富了景观，增添了生机；杭州市的西湖风景园林，使杭州形成了风景旅游城市的特色；扬州市的瘦西湖风景区和运河绿化带，形成了内外两层绿色园林带，使扬州市具有风景园林旅游城市的特色；日内瓦湖的风光，形成了日内瓦景观的代表；塞纳河横贯巴黎，其沿河绿地丰富了巴黎城市面貌；澳大利亚的堪培拉，由于全市处于绿树花丛中，因而成为美丽的花园城市。

### 1.3.3 实用功能

（1）主景

植物本身就是一道风景，尤其是一些现状奇特、色彩丰富的植物更会引起人们的注意。如在空地中一株高大乔木自然会成为人们关注的对象、视觉的焦点，在景观中成为主景。但是并非只有高大的乔木才具有这种功能，应该说，每一种植物都拥有这样的潜质，问题是设计师是否能够发现并加以合理的利用。比如在草坪中，一株花满枝头的紫薇就会成为视觉的焦点；在瑞雪过后，一株红瑞木会让人眼前一亮；在阴暗角落，几株玉簪会令人赏心悦目（图1-17、图1-18）。

（2）障景和引景

古典园林讲究"山穷水尽，柳暗花明"，通过障景，使得视线无法到达，利用人的好奇心，引导游人继续前行，探究屏障之后的景物，即所谓的引景。其实障景的同时就起到了引景的作用，而要达到引景的效果就需要借助障景的手法，两者密不可分。如道路转弯处栽植一株花灌木，一方面遮挡了路人的视线，使其无法通视；另一方面，这株花灌木也成为视觉的焦点，构成引景（图1-19）。

在景观创造的过程中，尽管植物往往同时充当障景和引景的作用，但面对不同的状况，某一功能也可能成为主导，相应所选的植物也会有所不同。

图1-17 植物的主景效果

图1-18 植物的主景效果

图1-19 植物的障景与引景

如在视线所及之处景观效果不佳，或者有不希望游人看到的物体，在这个方向栽植的植物主要承担障景的作用，而这个"景"一般是"引"不得的，所以应该选择枝繁叶茂、阻隔作用较好的植物，并且最好是"拒人于千里之外"的。一些常绿针叶植物应该是最佳的选择，比如云杉、桧柏、侧柏等就比较合适（图1-20）。某企业庭院紧邻城市主干道，外围有立交桥、高压电线等设施，景观效果不是太好，所以在这一方向上栽植高大的桧柏，以阻挡视线。与此相反，某些景观隐藏于园林深处，此时引景的作用就凸显出来了，而障景是必需的，但是不能挡得太死，要有一种"犹抱琵琶半遮面"的感觉。此时应该选择枝叶相对稀疏、观赏价值较高的植物，如油松、银杏、栾树等。

（3）框景与透景

将优美的植物景色通过门窗或植物等材料加以限定，如同画框与图画的关系，这种景观处理方式称为框景。框景常常让人产生错觉，疑似挂在墙上的图画，所以框景有"尺幅窗，无心画"之称，古典园林中框景的上方常常有"画中游"或者"别有

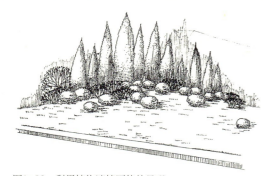

图1-20　利用植物遮挡不佳的景观

图1-21　利用植物构成框景效果

洞天"之类的匾额。利用植物构成框景在现在园林中非常普遍，如图1-21所示，高大的乔木构成一个视窗，通过"窗口"可以看到远处优美的景致。所以利用植物框景也常常与透景组合，两侧的植物构成框景，将人的视线引向远方，这条视线则称为"透景线"。

构成框景的植物应该选用高大、挺拔、形状规整的植物，比如桧柏、侧柏、油松等。而位于透视线上的植物则要求比较低矮，不能阻挡视线，并且具有较高的观赏价值，比如一些草坪、地被植物和低矮的花灌木等。

### 1.3.4　情感功能
（1）陶冶情操

城市园林绿地，特别是公园、小游园和一些公共设施的专用绿地，可开展多种形式的活动，是一个城市或单位的宣传橱窗，是向群众进行文化宣传、科普教育的场所，可以使游人在游玩中受到教育，增长知识，提高文化素养。园林中常设琴、棋、书、画、划船、体育活动项目，以及儿童和少年娱乐设施等。人们可以自由选择有益于自己身心健康的活动项目，放松心情并享受大自然的美景。在公共绿地中可经常开展群众性的活动，使人们在集体活动中加强接触，增进友谊，减少老年人的孤独感。可使成年人消除疲劳，振奋精神，提高工作效率；培养青少年的勇敢精神，有益健康成长；老年人则可享受阳光空气，延年益寿。据有关资料报道，在绿色优美的景观中劳动，效益可提高15%~35%，事故减少40%~50%。人在绿色环境中皮肤温度可降低1~2℃，脉搏次数比在城市空地中每分钟减少4~8次，甚至14~18次。如把绿色植物进行艺术性的配置，使之产生丰富的色彩、高低起伏和前后层次的变化，加上季相变化，能给人以生机勃勃的感觉。所以城市园林绿化对提高人们的素质、促进精神文明建设、推动社会生产力水平的提高，具有重要的促进作用。同时，城市园林绿地也是广泛发展中国旅游事业的需要。中国幅员辽阔，风景资源丰富，历史悠久，文物古迹众多，特别是城市郊区的自然

风景名胜区景优美，都是国内外旅游者休息、疗养的胜地。

总之，城市园林植物造景能满足人们对感情生活、道德修养的追求，激发人们热爱家乡、热爱祖国、热爱大自然的激情。

（2）空间尺度感

植物造景总是在一定的空间范围与时间的作用下产生的，植物造景设计的尺度会影响游人观赏景观的感受，或开敞或密闭，或蜿蜒曲折或开门见山。根据人的视觉、听觉、嗅觉等生理因素，结合人际交往距离，可以得到景观空间场所的三个基本尺度，称之为景观空间尺度。

①20~25 m：20~25 m见方的空间，人们感觉比较亲切，是创造景观空间感的尺度。

②110 m：超过110 m后才能产生广阔的感觉，是形成景观场所感的尺度。

③390 m：人无法看清楚390 m以外的物体，这个尺度显得深远、宏伟，是形成景观领域感的尺度。

适宜的空间尺度还取决于空间的高宽比，即空间的里面高度（$H$）与平面宽度（$D$）的比值（图1-22）。$H/D=2~3$，形成夹景空间，空间的通过感较强；$H/D=1$，形成框景效果，空间通过感平

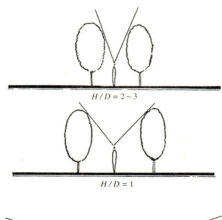

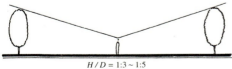

图1-22 空间的高宽比

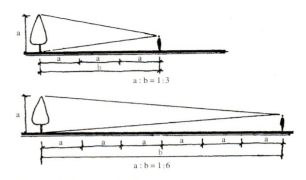

图1-23 景观与场地的高宽比

缓；$H/D=1:3~1:5$，空间开阔，围合感较弱。

另外，要想获得良好的视觉效果，场地中的景物（比如孤植树、树丛、主体建筑、雕塑等）与场地之间也应该选用适宜的比例，景物高度与场地宽度的比例最好是1:3~1:6（图1-23）。

### 1.3.5 商业功能

植物作为建筑、食品、化工等主要的原料，产生了巨大的直接经济效益；通过保护、优化环境，植物又创造了巨大的间接经济效益（表1-2）。如此看来，如果我们在利用植物美化、优化环境的同时，能获得一定的经济效益，这又何乐而不为呢！当然，片面地强调经济效益也是不可取的，园林植物景观的创造应该是在满足生态、观赏等各方面需要的基础上，尽量提高其经济效益。

### 1.3.6 其他功能

植物造景设计的功能除上述5个功能外，还具有如统一和联系的功能，强调和标示功能，柔化功能等。

（1）植物的统一和联系的功能

景观中的植物，尤其是同一种植物，能够使得两个无关联的元素在视觉上联系起来，形成统一的效果。如临街的两栋建筑之间缺少联系，而在两者之间栽植上植物之后，两栋建筑之间似乎构成了联系，整个景观的完整性得到了加强（图1-24）。要想使独立的两个部分（如植物组团、建筑物或者

表1-2 植物的商业功能

| | 具体应用 | 园林植物 |
|---|---|---|
| 木材加工 | 建筑材料、装饰材料、包装材料等 | 落叶松、红松、椴树、白蜡、水曲柳、核桃楸、柚木、美国花旗松、欧洲赤松、芸香、黄檀、紫檀、黑槐、栓皮栎（软木）等 |
| 畜牧养殖 | 枝、梢、叶作为饲料、肥料 | 牧草、如紫花苜蓿、红豆草等；饲料原料，如象草 |
| 工业原料 | 树木的皮、根、叶可提炼松香、橡胶、松节油等 | 松科松属的某些植物，如油松、红松等可以提取松节油、松香油，橡胶树可以提取橡胶 |
| 燃料 | 薪材 | 杨树、白榆、落叶松、云杉等 |
| | 燃油（汽油、柴油） | 油楠、苦配巴（巴西）、文冠果、小桐子、黄连木、光皮树、油桐、乌桕、毛桲、欧李、翅油果、石栗树、核桃、油茶等 |
| 医药 | 药用植物 | 金银花、杜仲、贝母、沙棘、何首乌、芦荟、石刁柏、番红花、唐松草、苍术、银杏、樟、多数芳香植物等 |
| 食品 | 果实、蔬菜、饮料、酿酒、茶、食用油 | 苹果、梨、葡萄、海棠、玫瑰、月季、枇杷、杏、板栗、核桃、柿、松属（松子）、榛、无花果、莲藕、茭白、荔枝、龙眼、柑橘等 |

构筑物等）产生视觉上的联系，只要在两者之间加入相同的元素，并且最好呈水平延展状态，比如扁球形植物或者匍匐生长的植物（如铺地柏等），从而产生"你中有我，我中有你"的感觉，就可以保证景观的视觉连续性（图1-25）。

（2）植物的强调和标示功能

某些植物具有特殊的外形、色彩、质地，能够成为众人瞩目的对象，同时也会使其周围的景物被关注，这一点就是植物强调和标示的功能。在一些

公共场所的出入口、道路交叉点、庭院大门、建筑入口等需要强调、指示的位置，合理配置植物能够引起人们的注意。比如居住区中由于建筑物外观、布局和周围环境都比较相似，环境的可识别性较差，为了提高环境的可识别性，除了利用指示标牌之外，还可以在不同的组团中配置不同的植物，既丰富了景观，又可以成为独特的指示（图1-26）。

园林中地形的高低起伏，可使空间发生变化，也易使人产生新奇感。利用植物材料能够强调地形的高低起伏（图1-27），在地势较高处种植高大、挺拔的乔木，可以使地形起伏变化更加明显；

图1-24 利用植物加强两栋建筑物之间的联系

图1-25 利用地被植物形成统一的效果

图1-26 植物的强调、标示功能

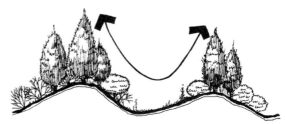

图1-27 利用植物强调地形变化

与此相反，如果在地形凹处栽植植物，或者在山顶栽植低矮的、平展的植物可以使地势趋于平缓（图1-28）。在园林景观营造中可以应用植物的这种功能，形成或突兀起伏或者平缓的地形景观，与大规模的地形改造相比，可以说是事半功倍。

（3）植物的柔化功能

植物景观被称为软质景观，主要是因为植物造型柔和、较少棱角，颜色多为绿色，令人放松。因此在建筑物前、道路边沿、水体驳岸等处种植植物，可以起到柔化的作用。建筑物墙基处栽植的灌木、常绿植物软化了僵硬的墙基线，而建筑之前栽植的阔叶乔木也可起到同样的作用。图1-29表现的是冬季景观，落叶之后，剩下光秃秃的树干，但是在冬季阳光的照射下，枝干在地面上和墙面上形成斑驳的落影，树与影、虚与实形成对比，也使得整个环境变得温馨、柔和。但需要注意的是，建筑物前面不要选择曲枝类植物，如龙爪柳等，因为这些植物的枝干在墙面上投下的影子会很奇异，令人感觉不舒服。

图1-28　利用植物削弱地形变化

图1-29　植物的柔化功能

## 1.4　植物造景设计的特性与运用

### 1.4.1　植物的观赏特性

植物的形体本身就是一幅动人的画面。园林植物姿态各异，常见的木本乔灌木的树形有柱形、塔形、圆锥形、伞形、圆球形、半圆形、卵形、倒卵形、匍匐形等，特殊的有垂枝形、曲枝形、拱枝形、棕榈形、芭蕉形等。不同姿态的树种给人以不同的感觉：高耸入云或波涛起伏，平和悠然或苍虬飞舞，与不同地形、建筑、溪石相配置，则景色万千。

之所以形成不同姿态，与植物本身的分枝习性及年龄有关。

（1）单轴式分枝

其顶芽发达，主干明显而粗壮，侧枝仍属于主干。如主干延续生长大于侧枝生长时，则形成柱形、塔形的树冠，如箭干杨、新疆杨、钻天杨、台湾桧、意大利丝柏、柱状欧洲紫杉等。如果侧枝的延长生长与主干的高生长接近时，则形成圆锥形的树冠，如雪松、冷杉、云杉等。

（2）假二叉分枝

其枝端顶芽自然枯死或被抑制，造成了侧枝的优势，主干不明显，因此形成网状的分枝形式。如果高生长稍强于侧向的横生长，树冠成椭圆形，相接近时则成圆形，如丁香、馒头柳、千头椿、罗幌伞、冻绿等。横向生长强于高生长时，则成扁圆形，如板栗、青皮槭等。

（3）合轴式分枝

其枝端无顶芽，由最高位的侧芽代替顶芽作延续的高生长，主干仍较明显，但多弯曲。由于代替主干的侧枝开张角度的不同，较直立的就接近于单轴式的树冠，较开展的就接近于假二叉式的树冠。因此合轴式的树种，树冠形状变化较大，多数成伞形或不规则树形，如悬铃木、柳、柿等。分枝习性中枝条的角度和长短也会影响树形（图1-30）。大多数树种的发枝角度以直立和斜出者为多，但有些树种分枝平展，如曲枝柏。有的枝条纤长柔软而下垂，如垂柳。有的枝条贴地平展生长，如匍地柏等。

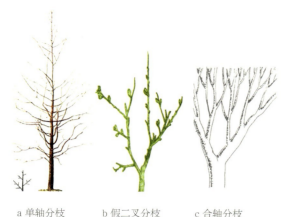

a 单轴分枝　　　b 假二叉分枝　　　c 合轴分枝

图1-30 植物的分枝方式

乔灌木枝干也具有重要的观赏特性。如酒瓶椰子树干如酒瓶，佛肚竹、佛肚树，其干如佛肚。白桦、白桉、粉枝柳、二色荡、考氏悬钩子等枝干发白。红瑞木、沙莱、青藏悬钩子、紫竹等枝干红紫。傣棠、竹、梧桐、青榨槭及树龄不大的青杨、河北杨、毛白杨枝干呈绿色或灰绿色。山桃、华中樱、稠李的枝干呈方铜色。黄金间碧玉竹，金镶玉竹、金竹的竿呈黄色。干皮斑驳呈杂色的有白皮松、榔榆、斑皮袖水树、豺皮樟、天目木姜子、悬铃木、天目紫茎、木瓜等。

花具有最重要的观赏特性。暖温带及亚热带的树种多集中于春季开花，因此夏、秋、冬季及四季开花的树种极为珍贵，如合欢、奕树、木槿、紫薇、凌霄、夹竹桃、石榴、栀子、广玉兰、醉鱼草、木本香薷、糯米条、海州常山、红花羊蹄甲、扶桑、蜡梅、梅花、金缕梅、云南山茶、冬樱花、月季等。一些花形奇特的种类很吸引人，如鹤望兰、兜兰、飘带兰、旅人蕉等。人赏花时更喜闻香，所以如木香、月季、菊花、桂花、梅花、白兰花、含笑、夜合、米兰、九里香、夜来香、暴马丁香、茉莉、鹰爪花、柑橘类备受欢迎。不同花色组成的绚丽色块、色斑、色带及图案是植物造景设计常用的手法。根据上述特点，在景观设计时，可配置成色彩园、芳香园、季节园等。

很多植物的叶片极具特色。巨大的叶片如董棕、鱼尾葵、巴西棕、高山蒲葵、油棕等，巨叶直

上云霄，非常壮观。浮在水面巨大的王莲叶犹如一大圆盘，可承载幼童，吸引众多游客。具有奇特叶片的如轴搁、山杨、羊蹄甲、马褂木、蜂腰洒金榕、旅人蕉、含羞草等。彩叶树种更是不计其数，如紫叶李、红叶桃、紫叶小劈、变叶榕、红桑、红背桂、金叶桧、浓红朱蕉、菲白竹、红枫、新疆杨、银白杨等。此外，还有众多的彩叶园艺栽培变种。

园林植物的果实也极富观赏价值，奇特的如象耳豆、眼睛豆、秤锤树、蜡肠树、神秘果等。巨大的果实如木菠萝、袖、番木瓜等。很多果实色彩鲜艳，如紫色的紫珠、葡萄；红色的天目琼花、欧洲英援、平枝拘子、小果冬青、南天竺等；蓝色的白檀、十大功劳等；白色的珠兰、红瑞木、玉果南天竺、雪里果等。

### 1.4.2　植物造景的运用

#### （1）利用园林植物表现时空变化

园林空间是包括时间在内的四维空间，这个空间是随着时间的变化而相应地发生变化，这主要表现在植物的季相演变方面。植物的自然生长规律形成了"春天繁花盛开，夏季绿树成荫，秋季硕果累累，冬季枝干苍劲"的不同景象，由此产生了"春风又绿江南岸""霜叶红于二月花"的特定景观。根据植物的季相变化，把不同花期的植物搭配种植，可使得同一地点的某一时期产生某种特有景观，给人不同的感受。而植物与山水、建筑的配合，也因植物的季相变化而表现出不同的画面效果。

#### （2）利用园林植物创造观赏景观

植物材料是造园要素之一，这是由园林植物独特的形态、色彩、风韵之美所决定的。园林中栽植的孤立木，往往因其浓冠密覆或花繁叶茂而格外引人注目。银杏、银桦、白杨主干通直，气势轩昂，松树曲虬苍劲，这些树往往作为孤立木栽植，构成园林主景。几棵树按一定的构图方式配置形成树丛，既能表现树木的群体美，又表现树木个体美；既在整体上有高低远近的层次变化，又能形成较大的观赏面，而更多的树木组合如群植，则可以构成

群体效果。如"万壑松风""梨花伴月""曲水荷香"都是人们喜闻乐见的风景点。选一种有花有果可赏的树木，造成一片小型群植，即通常所说的纯林，如我国传统喜好的竹林、梅林、松林，在园林中颇受欢迎；还可以利用树木秋季变色造"秋色林"，如枫香、乌桕、银杏、槭树、黄栌、重阳木等都可以形成"霜叶红于二月花"的景观，这种形式在园林绿地中既可以成为构图主景，又能作为屏障，掩盖某些不美观的地方。值得注意的是，多种树种的配置必须主次分明，疏密有致，由一种或两种树种为主，突出主题。

（3）利用园林植物创造空间变化

城市园林绿地不仅能用建筑、山水等来分隔空间，而且利用植物材料也能达到同样的效果。中国画讲究"疏能走马，密不透风"，植物配置也同理，根据需要可以将绿地划分为各种空间。一般地说，植物布局应疏密错落，在有景可借的地方，树要栽得稀疏，树冠要高或低于视线以保持透视线；对视线杂乱的地方则要用致密的树加以遮挡，用绿篱来分隔空间是最常见的方式。这样既能达到减弱噪声，构成封闭、安静的街头绿地的目的，又能与城市道路绿化相结合，为过往行人和附近居民提供小憩场所。

（4）利用园林植物表现衬托效果

植物的枝条呈现一种自然的曲线，园林中往往利用它的质感以及自然曲线来衬托人工硬质材料构成的规则式建筑形体，这种对比更加突出两种材料的质感。现代园林中往往以常绿树作雕塑的背景，通过色彩对比来强调某一特定的空间，加强人们对这一景点的印象。建筑物旁的植物通常选用具有一定的姿态、色彩、芳香的树种。一般体型较大、立面庄严、视线开阔的建筑物附近要选干高枝粗、树冠开展的树种；在结构细致、玲珑、精美的建筑物四周要选栽一些叶小枝纤、树冠致密的树种。植物与山石相配，要表现起伏峥嵘、野趣横生的自然景色，一般选用乔灌木错综搭配，树种可以多一些，树木姿态要好，能欣赏山石和花木的姿态之美。

（5）利用园林植物表现意境效果

植物不仅能令人赏心悦目，还可以进行意境的创作。人们常借助植物抒发情怀，寓情于景。例如用松柏苍劲挺拔、蟠虬古朴的形态来比拟人的坚贞不屈、永葆青春的意志；腊梅不畏寒冷、傲雪怒放，常常被喻作刚毅的性格。园林绿地可以借鉴植物的这一特点，创造有特色的观赏效果。避暑山庄的"万壑山庄""梨花伴月"便采用植物造景来营造出诗情画意的艺术境界。

园林植物不仅具有独立的景观表象，还是园林中的山水、建筑、道路及雕塑、喷泉等小品构景的重要组合材料。

①园林植物造景对园林建筑的景观有着明显的衬托作用。首先是色彩的衬托，用植物的绿色中性色调衬托以红、白、黄为主的建筑色调，可突出建筑色彩；其次是以植物的自然形态和质感衬托用人工硬质材料构成的规则建筑形体。另外，由于建筑的光影反差比绿色植物的光影反差强烈，所以在明暗对比中还有以暗衬明的作用。

②园林植物造景对园林建筑有着自然的隐露作用。"露则浅，隐则深"，园林建筑在园林植物的遮掩下若隐若现，可以形成"竹里登楼人不见，花间问路鸟先知"的绿色景深和层次，使人产生"览而愈新"欲观全貌而后快的心理追求。同时从建筑内向外观景时，窗前檐下的树干、枝叶又可以成为"前景"和"添景"。

③植物造景能改善园林建筑的环境质量。以建筑围合的庭院式空间往往建筑与铺装面积较大，游人停留时间较长，由硬质材料产生的日照热辐射和人流集中造成的高温与污浊空气均可被园林植物调节，为建筑空间创造美好的环境质量。另外，园林建筑在空间组合中作为空间的分隔、过渡、融合所采用的花墙、花架、漏窗、落地窗等形式，都需借助园林植物来装饰和点缀。

④植物造景对山石、水体的作用。"山本静水流则动，石本顽树活则灵"。虽然山石水体是自然式园林的骨架，但还需有植物、建筑和道路的装点

陪衬,才会有"群山郁苍、群木荟蔚、空亭翼然、吐纳云气"的景象和"山重水复疑无路,柳暗花明又一村"的境界。园林植物覆盖山体不仅可以减少水土流失,改善环境质量,还如同华丽的服装可使山体呈现出层林叠翠、"山花红紫树高低"的山地植物景观。丰富的空间层次将山上的建筑和道路掩映在绿荫之中。园林水体也只有与园林植物组合才会有生气。园林植物不但可以净化水体,还可以丰富水面空间和色彩,是水体和陆地的融合媒介。如在韶山毛泽东故居前的池塘水面上种植几处荷花、蒲草,既可增加水面的绿色层次,又有"荷花映日红"的自然野趣。

⑤植物造景对园林道路的组景作用。园林道路除必要的路面用硬质材料铺装外,路旁均以树木、草皮或其他地被植物覆盖。游览小路也以条石或步石铺于草地中,达到"草路幽香不动尘"的环境效果。自然式园林的动态序列空间布局讲究道路的曲折起伏变化。曲折的道路若无必要的视线遮挡,不能有空间区分,就只有曲折之趣,而无通幽之感。虽然可用山冈、建筑物进行分隔,但都不如园林植物灵活机动。不但可以用乔木构成疏透的空间分隔,而且可用乔、灌木组合进行封闭性分隔。这也说明园林植物还是障景、框景、漏景的构景材料。

## | 知识点 |

1.植物造景设计的概念。

2.中国古典园林植物造景设计的三种意识形态。

3.中国植物造景设计的现状。

4.国外植物造景设计的发展动态。

5.植物造景设计的各种功能以及每种功能的特征。

6.植物的观赏特性。

7.植物造景的运用方式。

## | 思考题 |

1.植物造景设计是一门研究什么的学科?

2.学习植物造景设计有什么意义?

3.植物造景的主要功能体现在哪些方面?

4.就植物的各观赏特性,列举几种观赏性较高的植物。

5.如何通过植物来组织空间?

## | 作业 |

实地调查学校周边的一个公园,描绘出大概的植物平面图,并分别从植物造景的功能、观赏特性以及运用方面来分析这个公园的植物造景设计。

## | 拓展阅读 |

1.http://plant.chla.com.cn/ 中国风景园林网|植物|园林绿化

2.http://www.gooood.hk/landscape.htm 古德设计网|景观 Landscape

3.http://www.jchla.com/ 中国园林

# 2 植物造景设计的生态性

★ 目的要求

1.掌握影响植物造景设计的生态因子；

2.理解植物造景设计的生态观等。

## 2.1 植物群落概述

### 2.1.1 植物群落概念及其类型

群落的概念来源于植物生态学研究。由于动植物各大类群生活方式各异，动物生态学和植物生态学在相当长时期中处于独立发展状态。正如种群是个体的集合体一样，群落是种群的集合体。简而言之，一个自然群落就是在一定空间内生活在一起的各种动物、植物和微生物种群的集合体。这样许多种群集合在一起，彼此相互作用，具有独特的成分、结构和功能，一片树林、一片草原、一片荒漠都可以看成是一个群落。群落内的各种生物由于彼此间的互相影响、紧密联系和对环境的共同反应，而使群落构成一个具有内在联系和共同规律的有机整体。

因此，植物群落可定义为特定空间或特定生境下植物种群有规律的组合，它们具有一定的植物种类组成，物种之间及其与环境之间彼此影响，互相作用，具有一定的外貌及结构，执行一定的功能。换言之，在一定地带上，群居在一起的各种植物种群所构成的一种有规律的集合体就是植物群落。

世界上不同的地带生长着不同类型的植物群落。以下将简要叙述世界植物群落的基本类型。

（1）常雨林和红树林

这两类群落都出现在潮湿的地带。常雨林又称为潮湿热带雨林，分布在终年湿润多雨的热带

（年降雨量在2 000 mm以上，分配均匀）。常雨林分布在雨量最充沛、热量最丰富，热、水与光的常年分配最均匀的地带；相应地，常雨林就成为陆地上最茂盛的植物群落。红树林是以红树科（Rhizophoraceae）为主的灌木或矮树丛林；此外，还有海榄雌科（Avicenniaceae）、海桑科（Sonneratiaceae）、紫金牛科（Myrsinaceae）和使君子科（Combretaceae）等种类以及一些伴生植物，分布在热带海岸上的淤泥滩上，我国的台湾、福建和广东、广西沿海也有分布（图2-1）。

（2）常绿阔叶林

常绿阔叶林（图2-2）分布在亚热带潮湿多雨的地区。这类森林所占的面积并不很大，主要的树种为樟属（Cinnamomum）、楠木属(Phoepe)等，有时也出现一些具有扁平叶的针叶树，例如竹柏属（Podocarpus）、红杉属（Sequoia）等。其树叶为革质、有光泽，叶面与光照垂直，能在潮湿多云的气候下有效地进行光合作用。但这类森林生长处的气候并不像常雨林的那样终年温热湿雨，

图2-1　广东湛江红树林自然保护区

图2-2 常绿阔叶林

图2-3 竹林

图2-4 硬叶林

所以上层乔木的芽都已有了芽鳞保护。

（3）竹林

竹林是禾本科竹类植物组成的木本状多年生单优势种常绿植物群落（图2-3），分布范围很广，从赤道两边直到温带都有分布。

天然的竹林多为混交林，乔木层中以竹为主，还混生其他常绿阔叶树或针叶林。人工栽培的则多为纯林。除了干燥的沙漠、重盐碱土壤和长期积水的沼泽地以外，几乎各种土壤都能生长，但绝大多数竹种要求温度湿润的气候和较深厚而肥沃的土壤。

（4）硬叶林

硬叶林是常绿、旱生的灌丛或矮林（图2-4）。其分布区的气候特点为夏季炎热而干旱，此时植物虽不落叶，但处于休眠状态；其余时期的雨量较多而不冷（最冷月份的平均温度也不低于0℃），适合植物生长。

硬叶林的主要特征是：叶常绿，革质，有发达的机械组织，没有光泽，叶面的方向几乎与光线平行。群落中大多数植物都能分泌挥发油，因此这类群落具有强烈的芳香气味。

（5）季雨林和稀树草原

这类群落分布在干湿季节交替出现的热带地区，干季落叶休眠，雨季生长发育，依雨量的多少和干季的长短又有不同的类型（图2-5）。

季雨林（又称雨绿林）出现在雨量较多的地方（年降雨量均为1 500 mm）。雨季枝叶茂盛，林下的灌木、草本和层外植物发达，外貌很像常雨林，但干季植物落叶，群落外貌仍然保持绿色。这样的季雨林和阔叶常绿林很近似，我国南方沿海的季雨林就是这种类型。

在雨量较少（年降雨量900～1 200 mm）、干季较长（4～6个月）的热带地区，有稀树草原出现。其特点是草原为主，稀疏地生长着旱生的乔木

a 季雨林

b 稀树草原

图2-5　季雨林与稀树草原

或灌木，雨季葱郁，干季枯黄。草层常以高茂的禾本科草本植物为主。

（6）夏绿阔叶林

夏绿阔叶林简称夏绿林（图2-6），出现在温带和一部分亚热带地区。特点是：夏季枝叶繁茂，冬季落叶进入休眠。夏绿林的种类成分不繁杂，优势种明显，因此有栎林、桦林、山杨林等名称。乔木层除夏绿阔叶林外，有时还有松、侧柏等针叶林。林下植物的多少随乔木的种类而不同。例如，在稠密、阴暗的山毛榉林里，几乎没有什么林下植物，但在明亮的栎林下，则常有发达的灌木层和草本层。藤本植物和附生植物不多。夏绿林在北半球相当普遍，南半球则较少。

（7）针叶林

在高纬度地带和高山上，有针叶林分布（图2-7）。北半球的针叶林很发达，从温带起向北延伸，一直达到森林的北界，然后被灌丛、冻原等植

图2-6　夏绿阔叶林

图2-7　针叶林

a 干草原

b 草甸

图2-8　干草原和草甸

被所代替。南半球的针叶林很少，大多出现在山区。一般针叶林对于酸性、瘠薄土地有较强的适应能力。

（8）干草原和草甸

干草原和草甸都是草本植物群落（图2-8）。干草原主要分布在温带雨量较少的地区。干草原出现地区年降雨量大约为200～450 mm。

草甸的草类都是中生的，因此，常比干草原的草类植株高大，种类成分也较复杂。除禾本科、莎草科、豆科、菊科等占优势的草甸外，还有其他植物构成的草甸。草甸大都是在森林遭破坏后出现的。因此，草甸的分布一般没有地带性。

（9）荒漠

荒漠是对植物生长最为不利的环境，因此，荒漠上植被异常稀疏，甚至几乎看不见植物。荒漠根据形成的主要原因不同，可以分为干荒漠和冻荒漠两类。

（10）冻原

冻原分布在高纬度地带，那里的气候寒冷（最热月份的平均温度不超过10 ℃），年降雨量少（不超过250 mm），风大，生长周期短（不超过两个月），地面下不远就有永冻层。夏季，土壤仅溶解到15～20 mm的深度。

冻原植被的基本特点之一是森林绝迹。但在冻原与森林地带的过渡地段，仍有片段的森林出现，称为森林冻原。

（11）沼泽植被

沼泽植被是不沉没于水中的湿性植物群落（图2-9），在分布上没有地带性，类型很多，主要有草本沼泽和泥炭藓沼泽。在凉爽气候条件下的沼泽，由于植物残体分解缓慢，逐渐积累成大量泥炭并产生大量酸类。酸类淋洗矿物营养的结果是形成一种酸性的、瘠薄的泥炭沼泽。这类沼泽不适宜于草类的生长，但泥炭藓的残体继续形成泥炭，泥炭上又长出新的泥炭藓。所以在凉爽气候下，泥炭藓群落相当稳定，草本沼泽常被泥炭藓沼泽演替。在发育年代较久的泥炭藓群落下面，常可形成很厚的

图2-9　沼泽植被

图2-10　水生植物

泥炭层，好像隆起的小丘。

（12）水生植物

水生植被分布在各地河流、湖泊、沼泽和海洋（图2-10），没有地带性。水生植物有的固定在水底，称为水底植物；有的漂在水面，称为漂浮植物；有的悬在空中，称为悬浮植物。高等植物中的水生植物大多数是水底植物，少数是漂浮植物，没有悬浮植物。

## 2.1.2　植物群落的特征

从上述定义中，可知自然群落具有下列基本特征：

（1）具有一定的物种组成

每个植物群落都是由一定的植物种群组成的，因此，物种组成是区别不同植物群落的首要特征。一个植物群落中物种的多少及每一物种的个体数量，是度量群落多样性的基础。

（2）不同物种之间相互影响

植物群落中的物种有规律地共处，即在有序状态下生存。虽然植物群落是植物种群的集合体，但不是说一些种的任意组合便是一个群落，一个群落的形成和发展必须经过植物对环境的适应和植物种群之间的相互适应。植物群落并非种群的简单组合，哪些种群能够组合在一起构成群落，取决于两个条件：第一，必须共同适应它们所处的无机环境；第二，它们内部的相互关系必须取得协调、平衡。因此，研究群落中不同种群之间的关系是阐明植物群落形成机制的重要内容。

（3）具有形成群落环境的功能

植物群落对其居住环境产生重大影响并形成群落环境。如森林中的环境与周围裸地就有很大的不同，包括光照、温度、湿度和土壤等都经过了植物及其他生物群落的改造。即使植物在非常稀疏的荒漠群落，对土壤等环境条件也有明显的改造作用。

（4）具有一定的外貌和结构

植物群落是生态系统的一个结构单位。它本身除了具有一定的物种组成外，还具有其外貌和一系列的结构特点，包括形态结构、生态结构与营养结构，如生活型组成、种的分布结构、季相、寄生和共生关系等，但其结构常常是松散的，不像一个有机体结构那样清晰，因而有人称之为松散关系。

（5）一定的动态特征

植物群落是生物系统中具有生命的部分，生命的特征是不停地运动，植物群落也是如此，其运动形式包括季节动态、年际动态、演替与演化等。

（6）一定的分布范围

任何一个植物群落都分布在特定地段或特定生境上，不同植物群落的生境和分布范围不同。无论从全球范围看还是从区域角度讲，不同植物群落都按一定的规律分布。

（7）群落的边界特征

在自然条件下，有些群落具有明显的边界，可以清楚地加以区分；有的则不具有明显边界，而处于连续变化中。前者见于环境梯度变化较陡或者环境梯度突然中断的情形，如地势变化较陡的山地的

垂直带、断崖上下的植被、陆地环境和水生环境的交界处，如池塘、湖泊、岛屿等。但两栖类群落常常在水生群落与陆地之间移动，使原来清晰的边界变得复杂。

### 2.1.3 植物群落的形态结构

群落中的各种植物，在群落内占据一定的生存空间，而全部植物（按所属生活型）的分布状况，构成了植物群落垂直的和水平的结构，并将原有生境改变为特殊的群落内部环境（植物环境）。

（1）垂直结构

大多数的群落都有高度上的分化或成层现象，这是群落中各植物间及植物和环境间相互关系的特殊形式。无论是木本群落或是草本群落，都可看到垂直分化。

在森林群落内，不同种类植物的植冠（叶层）分布在不同或相同的高度范围内，它们在群落内沿着垂直高度的梯度及光照强度的梯度，占有不同的位置。根据它们的垂直高度，可划分出一定的层次。森林一般划分出乔木层，林下的灌木层、草本层以及地被层（贴地的苔藓地衣）。这种层的分化是群落对环境条件适应的一种表现。然而在自然界，情况并不是那样简单。就乔木层而言，也不是所有乔木都长到一个几乎接近的高度。在热带雨林里，乔木层的垂直高度，可以达到30～40 m或更高，一般可分出三个亚层。但是由于乔木层组成复杂，高矮参差不齐，三个亚层的界限并不是一般目测能分辨出来的。还有不少灌木也能发育成幼树状态，因而往往与小乔木交错生长在近似的高度内，这样就会产生乔木亚层和灌木层的重叠。

除上述基本层次外，藤本植物和附生、寄生植物，攀援或附着在不同植物的不同高度，往往在整个群落的垂直高度内都有分布，因而并不形成一个层次。这类植物称之为层间植物。层间植物种类和数量的多少，是和热量、温度的大小密切相关的。例如在我国的海南岛和滇南的森林中，藤本植物种类繁多，生长奇特，它们的枝叶花果常伸到高达20～30 m的林冠层中，下部的藤茎又粗又壮。

在这种森林里，几乎没有一株树木可幸免于它们的干扰。

群落特别是森林群落的分层现象与光照强度密切相关。一个群落中的光照强度，总是随着高度的下降而逐渐减弱，这主要是部分光被上层的有机体所吸收或反射。形成林冠最上层的树木是受到全光照照射的，上层树冠的枝叶可以吸收和散射一半以上的光能。在乔木的下层，是利用残余光的小树。下层的灌木层大约利用全光照的10%，而草本层仅利用了1.5%的全光照，以维持本身的生长，最后是得到极微弱光照的苔藓地衣层。由此可见，森林的垂直结构包含一种适应光强梯度的生活型梯度：几层乔木、灌木、草本植物以及地表的苔藓。生活型结构沿着这种梯度从一个极端的乔木（上层的林木，其叶能受到全光照，有粗大茎枝的支持结构）转到适应另一极端的草本植物（光合作用处于低水平，地上支持结构的消耗小）。

此外，由于植物群落的季节变化，射入群落内的光量也因季节而异。在夏绿林内，当夏季枝叶生长达到最大限度时，林内光辐射则达最低值，透入的光不会超过10%。在冬季，则有50.70%的光可通过落叶林冠而到达地面。在这种因季节引起光照状况变化的情况下，地面植物的变化是明显的。春季开花植物的生活周期，是在融雪和树木开始放叶之间的时期。一些像栎树和山毛榉的幼树，其叶子的掉落要比成年的大树来得晚，便于利用秋季的阳光。在郁闭常绿林林冠下，光照强度全年是低下的，地面只有稀少的草类和蕨类植物。

叶面积指数（LAI）为单位土地面积内叶片表面（单侧）总面积，即农田中作物密闭时的LAI为3.5。如果枝叶过密，常造成下部光照低于补偿点并导致作物倒伏或结实不良。所以叶面积指数的高低与群落中植物的耐阴能力关系密切，也反映群落对有效光能的利用程度。

群落内的温度与太阳辐射强度及群落本身的特征密切相关。其总特点是变动的程度比较缓和。森林群落内的温度状况主要决定于上层乔木的种类、结构、郁闭度等。

空气的流动在群落内发生很大的变化。群落本身对气流发生摩擦作用，抑制风速，甚至使其完全停止。这一能力也与群落的结构有关，对于层次结构复杂和郁闭的热带雨林，可以说林内处在静风状态。在一个具一定高度的森林内，在近地面处往往呈无风状态，在中部风速变化较大，而在林冠上层变化微弱。近地面的无风状态，是由于树干粗大、灌木草本密集，造成气流受阻的结果。

群落内的空气成分由于植物的生理活动过程而表现出一定的规律。$CO_2$的含量在一天内的变化颇为显著，其吸收量有几个高峰，在最高层处的吸收量最大。但在夜间，由于光合作用减弱，$CO_2$含量比较稳定。

群落截留降水的能力，与群落类型以及主要组成种类的生物学特征有关。一般是针叶林和杜鹃型群落的截水能力最大，草本群落能力较差，而落叶林则要区分出有叶和无叶时的差异。同样的森林群落由于年龄的不同，其树冠所阻留的降水量也不同。在寒冷地区，森林群落由于能抵挡一部分风的吹扬，故雪层要比草本群落中均匀。同时，由于森林树冠的遮盖，为雪的均匀和缓慢融化创造条件。因此，渗入土壤中的雪水量就要多些。

群落内的空气湿度，也与群落的截留水分有关。一部分群落内的水分是通过植物体的蒸腾和地面蒸发进入到空气中的。在结构复杂的森林群落内，日照少，温度变化缓和，又少受风的作用，所以在林内往往形成较为稳定的空气湿度。据记载，林内的绝对湿度在夏季晴天可能比群落周围的大气多2.3 mm，林内的相对湿度一般都比林外高10%以上。

由此可见，植物群落的内部环境与群落的地上结构关系密切，它对各层植物生活的影响至关重要。所以改变或除掉任何一个连续的层（或层片）时，也都会不同程度地改变群落的内部环境。完全破坏群落必然造成生境急剧恶化，大量有关研究报导证实了这点。

群落地下成层现象也较普遍。植物的地下器官根系、根茎等在地下也是按深度分层分布的。一

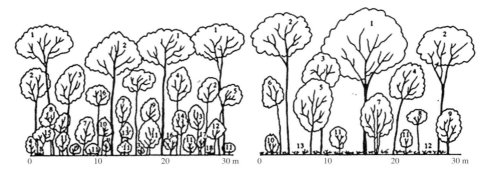

图2-11　植物群落的垂直结构图

一般说来，地上分层和地下分层是相对应的。森林群落中的乔木根系可分布到土壤的深层，灌木根系较浅，草本植物的根系则大多分布在土壤的表层。植物地下成层现象，也是充分利用地下空间、充分利用水分和养分的一种生态适应。在栽培群落中，往往根据植物地下分层分布的规律，配置不同深度根系的作物，以充分利用地力、获得高产。

群落地下成层现象研究的基本方法有形态法和重量法。形态法是挖掘一定深度的土坑，把坑壁上的根系摄影或描绘下来，这样可获得一部分群落地下部分分布的情况。重量法是在土坑壁上按一定的深度，取一定体积的土砖，然后分别洗出根系，并按粗、中、细根称重，最后制成地下部分分布图。

在森林群落中，根系的研究要困难得多，很少能得到表示群落特征的地下成层结构，较多的是对某一主要种类根系的形态分布研究。

植物的地下部分对土壤产生很大的影响。它的剥落和死亡部分的数量是很大的，有时甚至要超过地上部分枝叶的数量，加上庞大的活的地下部分，对土壤的性质（如结构、质地、水分、温度和养分）能产生良好的作用。根系还有分泌有机物质的特性。这些分泌物可能在颇大程度上影响群落的环境（图2-11）。

（2）水平结构

植物群落的结构特征还表现在植物水平分布的特点。比如，林地的林下植物的分布状况如何？是随机分布还是在一定程度上成群分布？为此可以在群落中设置一定数量的小样方，对植物种类进行统计。群落内的种群在水平分布上有四种方式，这四种方式出现的频度大致是这样的：

①有规则的分布在天然群落中罕见，某些荒漠中的灌木，可能近于这种分布。

②随机分布（出现明显的不规则性）也不多见，种群一般趋向成群分布。在林地中，植物往往成斑点状聚生在一起。这种聚生的分布可称为蔓延分布。造成这种聚生的原因，一方面可能由于种子的散落比较集中，萌发时易于簇生生长，或与其他植物构成一定的相关性，如树荫下草本植物的密集生长；另一方面，还与林地中环境的差异有关，透过林冠到达林下的小光斑，往往是形成植物小斑点的一个原因。

引起不同形式水平分布的原因是多方面的。有人特别重视生态因素所表现的环境因素的不等性或特殊性。例如，小地形的差异，土壤性质的不同，光照的强弱等。有人则重视种群的生物学特性，特别是繁殖特征和传播特征（传播能力和数量）。因此，对某一种群水平分布的分析，要根据具体的环境条件和该种群的生物学特性。

（3）层片

层片是植物群落的结构部分，具有一定的生活型组成和空间（或时间）分布特点，形成特殊的小环境。属于某一生活型的植物，有相当的数量，在群落中占据一定的空间，所形成的特定结构就叫做层片。层片或者相当于层，即该层由一个或几个相近生活型的植物构成；或者相当于层的一部分，此时该层由若干层片组成，或是由附生植物或藤本植物构成。例如，分布于大兴安岭的兴安落叶松纯林，兴安落叶松是该群落的落叶针叶乔木层片，同时又是乔木层的建造者，此时层片和层是一致的。又如，在常绿阔叶林内，由壳斗科、山茶科、樟科的常绿种类组成的常绿阔叶高位芽植物层片，是森林的建群层片，这个层片相当于乔木层的第一、第二亚层，表现为相当于层的一部分；那里的层间植物一般具有两个藤本植物层片，一是常绿的，一是落叶的。在欧洲栎林中的草本层，则是由春季草本植物层片和夏秋草本植物层片两个层片所组成。

某些由特定生活型构成的灌木和草类层片，表现出一定的独立性，即可参加不同类型的植物群落。例如我国西南山地亚高山针叶林下的杜鹃（Rhododendron）层片，在上层乔木种类更换时仍然稳定不变，甚至林木采伐后仍能保持并形成亚高山灌丛。群落中层片类型组成和分布面积所占比例，不仅制约群落的功能，也反映群落环境的基本特征。

（4）季相结构

群落中层片结构随时间季节而变化，例如荒漠群落雨后迅速萌发的短生植物层片、落叶阔叶林春季树冠未长满新叶时的早春草本植物层片等，它们与种群物候变化共同决定群落的季相特征。此外，各种群年龄结构也随时间变化，而其幼年期与成熟期的植株密度和高度不同必然影响整个群落的结构。

## 2.1.4 植物群落的演替

（1）植物群落原生演替

从原生裸地上开始的群落演替，即为群落的原生演替。而且，由顺序发生的一系列群落（演替阶段）组成一个原生演替系列。一般对原生演替系列的描述，都是采用从岩石表面开始的旱生和从湖底开始的水生演替。这是因为岩面和水底代表了两类生境的极端类型，一个极干，一个却为水生环境。在这样生境上开始的群落演替，其早期阶段的群落

中，植物生活型组成几乎到处都是非常近似的。因此可以把它们作为一种模式来加以描述。

（2）植物群落旱生演替

一块光秃的岩石表面，对于植物的生长来说，生境是非常严酷的。首先，没有土壤，而且极为干燥，温度的变化幅度也极大。

①最先在岩面出现的是地衣植物群落。在这个演替阶段中，顺序出现壳状地衣—叶状地衣—枝状地衣。它们凭借所分泌的有机酸以腐蚀岩面。其残体也参加到土壤的聚集和水分的含蓄中去。岩面的生境开始改变。

②苔藓植物群落阶段。在上一阶段地衣植物聚集的少量土壤上，能耐干旱的苔藓植物开始生长，形成群落。它们具有丛生性，成片密集生长，聚集土壤的能力更强。土壤、水分条件进一步有所改善。

③草本植物群落阶段。在土壤稍多些的情况下，一些耐旱的草本植物，如蕨类和一年生短命植物相继出现，代替苔藓植物群落。接着是多年生草植物定居和形成群落。到了这个阶段，原有岩面的环境已经大大改变：土壤增厚，有了遮阴，减少了蒸发，调节了温、湿度变化，土壤中细菌、真菌和小动物的活动也增加。生境再也不那么严酷了。于是创造了木本植物适宜的生活环境。在森林分布的地区，演替继续向前进行。

④木本植物群落阶段。在草本植物群落中，首先是一些喜光的阳性灌木出现，以后形成灌木群落。乔木树种生长继而形成森林。林下的荫蔽环境使其他耐阴性的灌木和草本植物种类得以定居，原有的阳性灌木逐渐从森林下消失。

在这个演替系列中，地衣和苔藓植物群落阶段延续的时间最长。草本植物群落阶段，演替的速度相对地最快。而后，木本植物群落演替的速度又逐渐减慢，这是由于木本植物生长时期较长所致。

（3）植物群落水生演替

在一般淡水湖泊中，水深4 m以下，由于光照和空气的缺乏，就没有体形较大的绿色植物生长，只有一些浮游生物活动。由于浮游生物大量的残体

堆积，加上从湖岸上冲刷下来得到矿物质淤积，逐步抬高了湖底。在水深4 m左右，定居了绿色植物，首先是以轮藻为主的植物群落。随着湖底的逐步抬高，依次出现下列群落的演替系列：沉水植物群落阶段（在水深1~3 m处，如金鱼藻、狐尾藻、水车前、苦草等）→ 浮叶根生植物群落阶段（在水深1 m以内，如莲、水鳖等）→ 直立水生植物群落阶段（在水陆交界处，如芦苇、茭白、香蒲等）→ 木本植物群落阶段（主要是湿生的乔木树种，如杨、柳、桦等）→ 中生森林群落。水生演替系列实际上是一个植物填平湖沼的过程。每一阶段的群落都以抬高湖底而为下一个阶段的群落出现创造条件。这种演替系列经常可以在一般的湖沼周围看到，在不同深度的水生生境中，演替系列中各阶段的植物群落成环带状的分布。随着湖底抬高，它们逐个向前推进。

## 2.1.5 植物群落的分布

地球表面的热量随所在纬度位置的变化而变化，水分则随着距离海洋的远近以及大气环流和洋流特点而变化。水热结合导致气候、植被、土壤等的地理分布，一方面沿纬度方向呈带状发生有规律的更替，称为纬度地带性；另一方面从沿海向内陆方向呈带状发生有规律的更替，称为经度地带性，它们又合称为水平地带性。此外，随着海拔高度的增加，气候、土壤和动植物也发生有规律的更替，称为垂直地带性。以我国为例，在沿海地区，自南至北因热量条件的变化，分布着热带雨林带→亚热带常绿阔叶林带→暖温带落叶阔叶林带→温带针阔叶混交林带→寒温带针叶林带；在温带地区，从东到西，因水分条件的变化依次分布着落叶阔叶林或针阔叶混交林→草原→荒漠；在我国的长白山地，从山脚到山顶，随水热条件的变化从下到上分布着落叶阔叶林带→针阔叶混交林带→山地针叶林带→山地矮曲林带→山地冻原带。

地球上因三种（三向）地带性的作用及其他区域性条件的影响，分布着各种各样的植物群落类型，下面简单介绍其中的几种主要类型。

### （1）热带雨林（rain forest）

热带雨林一般分布在赤道南北5°~10°左右的范围内。群落内有丰富的粗大木质藤本、有花附生植物、板根现象、茎花现象、（半）绞杀植物等。乔木层最高可达60~80 m。群落层次结构复杂，仅乔木层就可分3层以上，具有丰富的植物种类（尤其乔木）。热带雨林可分为亚洲、美洲和非洲雨林3个群系，种类以亚洲雨林最为丰富，中国雨林处于亚洲雨林北缘。

### （2）亚热带常绿阔叶林（evergreen broad-leaved forest）

它是亚热带地区的地带性植被类型。种类组成没有热带雨林丰富，以樟科、壳斗科、山茶科、木兰科、金缕梅科为群落优势种。结构比热带雨林简单，乔木层分2~3层。除欧洲和南极洲外各大洲均有分布，并集中分布在我国亚热带。我国北纬23~34°的地区广泛分布着常绿阔叶林，它又可分为南亚热带季风常绿阔叶林、中亚热带典型常绿阔叶林、北亚热带常绿落叶阔叶混交林三种，其中以中亚热带的常绿阔叶林最为典型。

### （3）温带落叶阔叶林（deciduous broad-leaved forest）

温带落叶阔叶林为温带地区的地带性植被类型。构成乔木层的全为冬季落叶的阳性阔叶树种，季相变化明显。群落结构简单，乔木层多为一层，在世界上分布极为广泛，包括北美大西洋沿岸、西欧和中欧、东亚三大区域。我国的落叶阔叶林可分为典型落叶阔叶林、山地杨桦林和河岸落叶阔叶林三类。

### （4）寒温带针叶林（coniferous forest）

寒温带针叶林是寒温带的地带性植被类型。乔木层优势种为松柏类针叶种类，结构更简单，有明亮针叶林和阴暗针叶林之分。明亮针叶林优势种为松属和落叶松属种类，群落较稀疏，林下明亮；阴暗针叶林优势种为云、冷杉属种类，群落较郁闭，林下阴暗。针叶林在欧亚大陆和北美分布很广。

### （5）温带草原（steppe）

温带草原是温带半干旱地区地带性植被，由多年生低温的旱生草本植物（主要是禾本科植物）构成的植物群落。禾本科的针茅属（Stipa Linn.）一般为典型植物，草原的分布很广，在欧亚大陆、北美中部、南美南部以及非洲南部等地均有大面积分布。我国的草原可分为草甸草原、典型草原、荒漠草原和高寒草原。

（6）荒漠（desert）

荒漠是极旱生的稀疏植被，其组成者是一系列特别耐旱的极旱生植物。荒漠按气候条件可分为热带亚热带荒漠、暖温带荒漠、寒温带荒漠、北极高山荒漠等。

（7）冻原（tundra）

冻原是寒带的典型植被，在高山树线以上则存在着高山冻原。冻原植物种类贫乏，以苔藓和地衣占优势，并散生有一些灌木或小灌木。冻原在欧洲大陆和北美均有分布，中国没有极地冻原而有高山冻原。

### 2.1.6　城市人工植物群落营建

人工植物群落是指植物群落模仿自然植物群落栽植的、具有合理空间结构的植物群体。陆地表面分布着由许多植物组成的各种植物群落，如森林、草原、灌丛、荒漠、草甸、沼泽等，分为自然植物群落和人工（栽培）植物群落。

城市人工植物群落的设计应遵循因地制宜、因城制宜的原则，以设计理念为主导，依据当地的气候条件和城市个性，以乡土树种为主，将形态、生态相适应的植物作合理配置。理想的植物群落是混交林，其绿量最高。最适合城市绿地的植物群落是乔灌草多层结合的植物群落，采用拟自然的生态群落式配置，使乔木、灌木、草本植物共生，使喜阳、耐阴、喜湿、耐旱的植物各得其所，从而充分利用阳光、空气、土地、肥力，构成一个稳定有序的植物群体。群落结构上分上木、中木、下木或地被3~4个层次。对于不同层次的植物在生态习性上有不同的要求，对于上木要求具备观赏价值高、耐阴喜阳，冠型端庄，株型较为峭立、枝下较高或枝叶稀疏等条件的高大乔木。中木以植物耐阴性的强弱为选择依据，并兼顾植物的观赏性和耐粗放管理性，以灌木为主。下木和地被层多为耐阴性更强的低矮小灌木和草本植物。

选择园林植物要以乡土树种为主，以保证园林植物有正常的生长发育条件，并反映出各个地区的植物景观特色。在树木配置上，应兼顾绿化树种与经济植物、速生树与缓生树种、常绿与落叶树、乔木与灌木、观叶树与观花树的搭配。种植搭配时注意和谐，要自然过渡，避免人工化的痕迹。种植设计时要考虑保留、利用原有树木，尤其是名贵古树，可在原有树木基础上丰富与完善其植物群落组合，利用植物群落生态系统的循环和再生功能，维护城市的生态平衡。

## 2.2　影响植物造景设计的生态因子

植物生长环境中的温度、水分、光照、土壤、空气等因子都对植物的生长发育产生重要的生态作用，因此，研究环境中各因子与植物的关系是植物造景的理论基础。某种植物长期生长在某种环境里，受到该环境条件的特定影响，通过新陈代谢，于是在植物的生活过程中就形成了对某些生态因子的特定需要，这就是其生态习性，如仙人掌耐旱不耐寒。有相似生态习性和生态适应性的植物则属于同一个植物生态类型。如水中生长的植物叫水生植物，耐干旱的叫旱生植物，需在强阳光下生长的叫阳性植物，在盐碱土上生长的叫盐生植物等。

（1）温度

温度是植物极重要的生活因子之一。地球表面温度变化很大。空间上，温度随海拔升高、纬度（北半球）的北移而降低；随海拔的降低、纬度的南移而升高。时间上，一年有四季的变化，一天有昼夜的变化。

①温度三基点

温度的变化直接影响着植物的光合作用、呼吸作用、蒸腾作用等生理作用。每种植物的生长都有最低、最适、最高温度，称为温度三基点。热带植物如椰子、橡胶、槟榔等要求日平均温度在

18 ℃才能开始生长；亚热带植物如柑桔、香樟、油桐、竹等在15 ℃左右开始生长；暖温带植物如桃、紫叶李、槐等在10 ℃甚至不到10 ℃就开始生长；温带树种紫杉、白桦、云杉在15 ℃左右就开始生长。一般植物在0～35 ℃的温度范围内，随温度上升、生长加速，随温度降低生长减缓。一般地说，热带干旱地区植物能忍受的最高极限温度为50 ℃～60 ℃；原产北方高山的某些杜鹃花科小灌木，如长白山自然保护区白头山顶的牛皮杜鹃、苞叶杜鹃、毛毡杜鹃都能在雪地里开花。

②温度的影响

在园林实践中，常通过调节温度而控制花期，满足造景需要。如桂花属于亚热带植物，在北京桶栽，通常于9月份开花。为了满足国庆用花需要，通过调节温度，推迟到"10月"盛开。因桂花花芽在北京常形成于6月，8月初在小枝端或者干上形成。当高温的盛夏转入秋原之后，花芽就开始活动膨大，夜间最低温度在17 ℃以下时就要开放。通过提高温度，就可控制花芽的活动和膨大。具体办法是在6月上旬见到第一个花芽鳞片开裂活动时，就将桂花移入玻璃温室，利用白天室内吸收的阳光热和晚上紧闭门窗，就能自然提高温度5～7 ℃，从而使夜间温度控制在17 ℃以上。这样，花蕾生长受抑，显得比室外小，到国庆节前两周，搬出室外，由于室外气温低，花蕾迅速长大，经过两周的生长，正好于国庆期间开放。

（2）光照

光是太阳的辐射能以电磁波的形式投射到地球表面上的辐射。光是一个十分复杂而重要的生态因子，包括光强、光质和光照长度。光因子的变化对生物有着深刻的影响。

光对植物的形态建成和生殖器官的发育影响很大。植物的光合器官叶绿素必须在一定光强条件下才能形成，许多其他器官的形成也有赖于一定的光强。在黑暗条件下，植物就会出现"黄化现象"。在植物完成光周期诱导和花芽开始分化的基础上，光照时间越长，强度越大，形成的有机物越多，有利于花的发育。光强还有利于果实的成熟，对果实

的品质也有良好作用。不同植物对光强的反应是不一样的，根据植物对光强适应的生态类型可分为阳性植物、阴性植物和中性植物（耐阴植物）。在一定范围内，光合作用效率与光强成正比，达到一定强度后实现饱和，再增加光强，光合效率也不会提高，这时的光强称为光饱和点。当光合作用合成的有机物刚好与呼吸作用的消耗相等时的光照强度称为光补偿点。阳性植物对光要求比较迫切，只有在足够光照条件下才能正常生长，其光饱和点、光补偿点都较高。阴性植物对光的需求远较阳性植物低，光饱和点和光补偿点都较低。中性植物对光照具有较广的适应能力，对光的需要介于上述两者之间，但最适于在完全的光照下生长。植物的光合作用不能利用光谱中所有波长的光，只是可见光区（400～760 nm），这部分辐射通常称为生理有效辐射，约占总辐射的40%～50%。可见光中红、橙光是被叶绿素吸收最多的成分，其次是蓝、紫光，绿光很少被吸收，因此又称绿光为生理无效光。此外，长波光（红光）有促进延长生长的作用，短波光（蓝紫光、紫外线）有利于花青素的形成，并抑制茎的伸长。

光强对植物光合作用速率产生直接影响，单位叶面积上叶绿素接受光子的量与光通量成正相关。光照强度对植物形态建成有重要作用，光促进组织和器官的分化，制约着器官的生长发育进度。

在植物群落内，由于植物对光的吸收、反射和透射作用，所以群落内的光照强度、光质和日照时间都会发生变化，而且这些变化随植物种类、群落结构以及时间和季节不同而不同。一年中，随季节的更替植物群落的叶量有变化，因而透入群落内的光照强度也随之变化。落叶阔叶林在冬季林地上可射到50%～70%的阳光，春季发叶后林地上可照射到20%～40%，但在夏季盛叶期林冠郁闭后，透到林地的光照可能在10%以下。对常绿林而言，则一年四季透到林内的光照强度较少并且变化不大。针对群落内的光照特点，在植物配置时，上层应选耐阴性较强或阴性植物。

（3）水分

水是任何生物体都不可缺少的重要组成部分，生物体的含水量一般为60%~80%，有的生物可达90%以上。不同的植物种类、不同的部位含水量也不相同，茎尖、根尖等幼嫩部位的含水量较高。水是生化反应的溶剂，生物的一切代谢活动都必须以水为介质。蒸腾散热是所有陆生植物降低体温的重要手段。植物通过蒸腾作用调节其体温，使植物免受高温危害。水还可以维持细胞和组织的紧张度，是植物保持一定的状态，维持正常的生活。植物在缺水的情况下，通常表现为气孔关闭、枝叶下垂、萎蔫。

植物在不同地区和不同季节所吸收和消耗的水量是不同的。在低温地区和低温季节，植物吸水量和蒸发量小，生长缓慢；在高温地区和高温季节，植物蒸腾量大，耗水量多，生长旺盛，生长量大。根据这个特点，在高温地区和高温季节必须多供应水分，才能保证植物对水分的需要。

（4）空气

空气对植物的生存意义如同对动物一样至关重要。在光合作用中，植物需要空气中的二氧化碳来制造养料。不过植物和动物一样，也需要从空气中吸取氧气，放出二氧化碳。氧气是植物在光合作用中向空气中释放的"废物"。在地球发展的历史进程中，植物在大气中逐渐聚积起了氧气，只有在空气中有了足够的氧气时，植物才能生长和进化。

大气组成中除了氮气、氧气和惰性气体及臭氧等较恒定外，主要起生态作用的是二氧化碳、水蒸气等可变气体和由于人为因素造成的组分，如尘埃、硫化氢、硫氧化物和氮氧化物等。大气中的二氧化碳是植物光合作用的原料，氧气是大多数动物呼吸的基本物质；大气中的水和二氧化碳对调节生物系统物质运动和大气温度起着重要的作用，氧和二氧化碳的平衡是生态系统能否进行正常运转的主要因素。大气流动产生的风对花粉、种子和果实的传播和活动力差的动物的移动起着推动作用；但风对动植物的生长发育、繁殖、行为、数量、分布以

及体内水分平衡都有不良影响，强风可使植物倒伏、折断等。

（5）土壤

植物生长在土壤之上，因此，不同的土壤理化性质、土壤肥力等都会对植物产生不同的作用。所以，不同的土壤类型都有其相应的植被类型。

土壤生物包括微生物、动物和植物根系。它们一方面依赖土壤而生存；另一方面又对土壤的形成、发育、性质和肥力状况产生深刻的影响，是土壤有机质转化的主要动力。同时，土壤微生物对植物的生长乃至生态系统的养分循环都有直接的影响。

（6）地形地势

地形因子是间接因子，其本身对植物没有直接影响。但是地形的变化(如坡向、海拔高度、盆地、丘陵、平原等)可以影响到气候因子、土壤因子等的变化，进而影响到植物的生长。

（7）生物因子

生物因子包括植物和动物、微生物和其他植物之间的各种生态关系，如植食、寄生、竞争和互惠共生等。植物的生长发育除与无机环境有密切关系外，还与动物、微生物和植物密切相关。动物可以为植物授粉、传播种子；植物之间的相互竞争、共生、寄生等关系以及土壤微生物的活动等都会影响到植物的生长发育。

## 2.3 植物造景设计的生态观

### 2.3.1 保护自然景观的生态观

自然景观是"土地生态协调的产物，它是由不同的自然条件，人文历史之间相互作用而形成的。对自然景观的保护和利用目的在于体现其自身价值，反映其个性化特点"。上述定义就是指自然景观作为一个国家文化遗产不可分割的一部分，能体现个体价值的独特性，并同时也能反映当地的历史和习俗等。首先要保留它灿烂的历史文化，还要融合当地的环境特色，协调自然景观和人文景观的

同步保护，使这二者成为一个完美的特性结合。人文景观中所包含的文化艺术遗迹，历史建筑等同样影响着自然景观的形成和发展。它们最终形成一种有序的整体，相辅相成。随着时间的推移，会逐渐形成一种非常独特的自然和建筑相融合的景观。自然景观其实就是历史文明的一种延伸，是其文化艺术方面发展的起点，也是在不同历史时期那些文人墨客汲取灵感的源泉，更是游客们为之向往的风景胜地。自然景观更与人们的生活分不开，农舍、水道、菜园、葡萄园、围有栅栏的果树林、农场放牧的牲畜家禽以及田间的耕作者，这些给我们勾勒出一幅"悠然南山下"的生动画面。自然景观的保护应与地方文化背景相结合，保持它的历史价值来实现其经济目标。

相对于城市景观中心区来说，城市周围地带的自然要素斑块所受的干扰压力可能要小得多，它们往往是许多当地物种的最后栖息地。也正因为如此，城市周边地带的自然景观要素斑块应受到更加严格的保护，以便建立城市建设区和周边地带完整的源汇关系，保证它们的空间关系连接关系和生态连通性。在国外城市规划中，已经逐渐开始尝试开拓对城市景观界限的原有观念，建立城市群或城市环的大城市景观概念，将城市周边自然景观要素作为城市生态规划和管理的核心，围绕一定的绿色空间和自然要素区域进行城市空间配置和组织，从更大的尺度上进行生物多样性保护的空间规划。

### 2.3.2　构建生态体系的生态观

构建生态体系是人们从生态系统中获得的收益。生态体系具有多重性。比如，森林生态系统有调节气候、涵养水源、保持水土、防风固沙、净化空气、美化环境等功能；湿地生态系统有涵养水源、调节径流、防洪抗灾、降解污染物、生物多样性保护等功能。重要生态功能区是指在保持流域、区域生态平衡、防止和减轻自然灾害，确保国家和地区生态安全方面具有重要作用的区域。我国改革开放以来，随着经济的快速发展，不合理资源开发

和自然资本的过度使用，致使我国重要生态功能区生态破坏严重，部分区域生态功能整体退化甚至丧失，严重威胁国家和区域的生态安全。因此，构建合理的生态体系具有重大意义。

形成一个完整的生态系统必须具备四个基本条件：

①生态系统是客观存在的实体，有时间和空间的概念；

②生态系统是由生物成分和非生物成分组成的；

③生态体系是以生物为主体的；

④各成员之间有机地组织在一起，具有统一的整体功能。

植物群落的发生发展过程与其所处的环境有着密切的关系，一定的环境条件决定一定的植物群落，而植物自身对环境条件有改造作用，变化了的环境条件又反过来影响植物群落，在此过程中发挥其特有的生态功能。因此，植物群落与其所处的非生物环境彼此不可分割地相互联系和相互作用，构成一个整体。构建生态系统需要一定地带上所有生物和非生物环境之间不断进行有序的物质循环和能量流动，从而形成一个统一的有机整体。

### 2.3.3　修复生态系统的生态观

所谓生态修复，是指对生态系统停止人为干扰，以减轻负荷压力，依靠生态系统的自我调节力与自组能力使其向有序的方向进行演化，或者利用生态系统的这种自我恢复能力，辅以人工措施，使遭到破坏的生态系统逐步恢复或使生态系统向良性循环方向发展；主要致力于那些在自然突变和人类活动影响下受到破坏的自然生态系统的恢复与重建工作，恢复生态系统本来的面貌，比如砍伐的森林要种植上，退耕还林，让动物回到原来的生活环境中等。这样，生态系统得到了更好的恢复，称为"生态恢复"。

由于生态系统具有自我调节机制，所以在通常情况下，生态系统会保持自身的生态平衡。生态系统的恢复能力是由生命成分的基本属性决定的，是由生物顽固的生命力和种群世代延续的基本特征

决定的，所以恢复力强的生态系统生物的生活世代短，结构比较简单，如草原生态系统遭受破坏后恢复速度比森林生态系统快得多。生物成分生活世代长、结构复杂的生态系统，一旦遭到破坏则长期难以恢复。因此，生态系统的修复如需见效快，可以先从草本、地被植物入手。

## | 知识点 |

1.植物群落的定义。

2.植物群落的基本特征。

3.影响植物造景设计的生态因子。

4.城市植被恢复重建的基本原则。

5.植物群落的类型。

6.植物造景设计的生态观。

## | 思考题 |

1.如何区别植物群落、种群的概念？

2.植物群落的基本特征是什么？

3.影响植物造景设计的生态因子有哪些？

4.什么叫群落演替？有哪些演替类型？

5.什么叫水平与垂直分布？影响水平与垂直分布的因素以及分布规律是什么？

6.如何构建一个较稳定的人工植物群落？

7.根据生态环境可将自然植物群落划分为几大类型?各类型的主要特点有哪些？

8.根据植物景观外貌可将群落划分为几大类型？各个类型之间的区别是什么？

## | 作业 |

调查了解当地城市的植物群落类型，并拍摄典型照片，分析其外貌特征，找出制约其发展的生态因子，提出改善建议。要求做成PPT文件，并上台讲解。

## | 拓展阅读 |

[1] 冷平生.城市植物生态学[M].北京：中国建筑工业出版社，1995.

[2] 李景文，等.森林生态学[M].2版.北京：中国林业出版社，1994.

[3] http://www.ylstudy.com/thread-19747-1-1.html 园林学习网：园林植物/养护管理室内植物的配置（转自"园林学习网"http://www.ylstudy.com/thread-19747-1-1.html）

[4] http://www.chla.com.cn/htm/2011/0721/90851.html 中国风景园林网：植物|园林绿化植物造景|园林绿化.

# 3 植物造景设计的程序、原则和方法

很多从事景观规划设计的人仅仅把园林植物当作一种配置在建筑周围的附属品,这是十分荒谬的。事实上,园林植物在很大程度上奠定了项目基地的特色,并发挥着巨大的生态效益。植物对于整体景观设计的成败有着至关重要的作用。

在植物景观规划设计过程中,园林设计师寻求的是一套可以解决由客户和客户群的需要所产生的一系列相关问题的综合性解决方案。最后的设计结果必须将设计目标与场地的局限性结合起来,并提供一个协调的生存环境。

## 3.1 植物造景设计的基本程序

### 3.1.1 现状勘察与分析

无论怎样的设计项目,设计师都应该尽量详细地掌握项目的相关信息,并根据具体的要求以及对项目的分析理解来编制设计意向书。

(1)获取项目信息

这一阶段需要获取的信息应根据具体的设计项目而定,而能够获取的信息往往取决于委托人(甲方)对项目的态度和认知程度,或者设计招标文件的翔实程度。这些信息将直接影响到下一环节:现状的调查,乃至植物功能、景观类型、种类等的确定。

①了解甲方对项目的要求

方式一:通过与甲方交流,了解委托人对植物景观的具体要求、喜好、预期的效果以及工期、造价等相关内容。

这种方式可以通过对话或者问卷的形式获得,在交流过程中设计师可参考以下内容进行提问:

A.公共绿地(如公园、广场、居住区游园等绿地)的植物配置

a.绿地的属性:使用功能、所属单位、管理部门、是否向公众开放等。

b.绿地的使用情况:使用的人群、主要开展的活动、主要使用的时间等。

c.甲方对绿地的期望及要求。

d.工程期限、造价。

e.主要参数和指标:绿地率、绿化覆盖率、植物数量和规格等。

f.有无特殊要求:如观赏、功能等方面。

B.私人庭院的植物配置

a.家庭情况:家庭成员及年龄、职业等。

b甲方的喜好:喜欢(或不喜欢)何种颜色、风格、材质、图案等,喜欢(或不喜欢)何种植物,喜欢(或不喜欢)何种植物景观等。

c.甲方的喜好:是否喜欢户外的运动、喜欢何种休闲活动、是否喜欢园艺活动、是否喜欢晒太阳等。

d.空间的使用:主要开展的活动、使用的时间等。

e.甲方的生活方式:是否有晨练的习惯,是否经常举行家庭聚会,是否饲养宠物等。

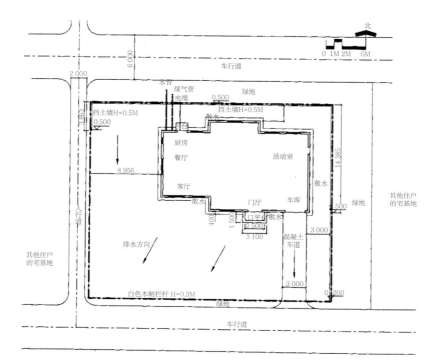

图3-1 基地现状图

f.工程期限、造价。

g.特殊需求。

方式二：通过设计招标文件，掌握设计项目对于掌握的具体要求、相关技术指标（如绿化率等），以及整个项目的目标定位、实施意义、服务对象、工期、造价等内容。

②获取图纸资料

在该阶段，甲方应该向设计师提供基地的测绘图、规划图、现状树木分布位置图以及地下管线图等图纸（图3-1），设计师根据图纸可以确定以后可能的栽植空间以及栽植方式，根据具体的情况和要求进行植物景观的规划设计。

A.测绘图纸或者规划图

设计师从图纸中可以获取的信息有：设计范围（红线范围、坐标数字）；园址范围内的地形、标高；现有或者拟建的建筑物、构筑物、道路等设施的位置，以及保留利用、改造和拆迁等情况；周边工矿企业、居住区的范围以及今后发展状况、道路

交通状况等。

B.现状树木分布位置图

图中包含现有树木的位置、品种、规格、生长状况以及观赏价值等内容，以及现有的古树名木情况，需要保留植物的状况等。

C.地下管线图

图内包括基地中所有要保留的地下管线以及设施的位置、规格以及埋深深度等。

③获取基地其他的信息

该地段的自然状况：水文、地质、地形、气候等方面的资料，包括地下水位，年与月降雨量，年最高和最低温度及其分布时间，年最高和年最低湿度及其分布时间、主导风向、最大风力、风速以及冰冻线深度等。

植物状况：地区内乡土植物种类、群落组成以及引种植物情况等。

人文历史资料调查：地区性质、历史文物、当地的风俗习惯、传说故事、居民人口和民族构成等。

以上的这些信息，有些或许与植物的生长并无直接联系，比如周围的景观、人们的活动等，但是实际上这些潜在的因子却能够影响或者指导设计师对于植物的选择，从而影响植物景观的创造。总之，设计师在拿到一个项目之后要多方收集资料，尽量详细、深入地了解这一项目的相关内容，以求全面掌握可能影响植物生长的各个因子。

（2）现场勘察与测绘

①现场勘察

无论何种项目，设计者都必须认真到现场进行实地勘察。一方面是在现场核对所收集到的资料，并通过实测对欠缺的资料进行补充。另一方面，设计者可以进行实地的艺术构思，确定植物景观大致的轮廓或者配置形式，通过视线分析来确定周围景观对该地段的影响，"佳者收之，俗者屏之"。

在现场通常针对以下内容进行调查：

自然条件：温度、风向、光照、水分、植被及群落构成、土壤、地形地势以及小气候等。

人工设施：现有道路、桥梁、建筑、构筑物等。

环境条件：周围的设施、环境景观、视域、可能的主要观赏点等。

②现场测绘

如果甲方无法提供准确基地测绘图，设计师就需要进行现场实测，并根据实测结果绘制基地现状图。基地现状图中应该包含基地中现存的所有元素，如建筑、构筑物、道路、铺装、植物等。需要特别注意的是，场地中的植物，尤其是需要保留的有价值的植物，对它们的胸径、冠幅、高度等进行测量并记录。另外，如果场地中某些设施需要拆除或者移走，设计师最好再绘制一张基地设计条件图，即在图纸上仅标注基地中保留下来的元素。

在现状调查过程中，为了防止出现遗漏，最好将需要调查的内容编制成表格，在现场一边调查一边填写。有些内容，比如建筑物的尺度、位置以及视觉质量等可以直接在图纸中进行标示，或者通过照片加以记录。

（3）现状分析

①现状分析的内容

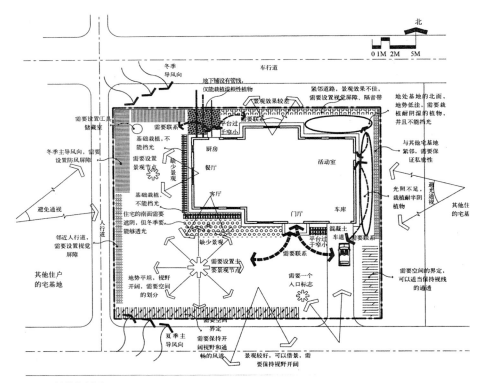

图3-2 基地分析图

现状分析是设计的基础、设计的依据，尤其是对于与基地环境因素密切相关的植物。基地的现状分析更是关系到植物的选择、植物的生长、植物景观的创造、功能的发挥等一系列问题。

现状分析的内容包括：基地自然条件（地形、土壤、光照、植被等）分析、环境条件分析、景观定位分析、服务对象分析、经济技术指标分析等多个方面。可见，现状分析的内容是比较复杂的，要想获得准确的分析结果，一般要多专业配合，按照专业分项进行，然后将分析结果分别标注在一系列的底图上（一般使用硫酸纸等透明的图纸材料），然后将它们叠加在一起，进行综合分析，并绘制基地的综合分析图。这种方法称为叠图法，是现状分析常用的方法。如果使用CAD绘制就要简单些，可以将不同的内容绘制在不同的图层中，使用时根据需要打开或者关闭图层即可。

现状分析是为了下一步的设计打基础。对于植物造景设计而言，凡是与植物有关的因素都要加以

考虑，比如光照、水分、温度、风以及人工设施、地下管线、视觉质量等。

②现状分析图

现状分析图主要是将收集到的资料以及在现场调查得到的资料利用特殊的符号标注在基地底图上，并对其进行综合分析和评价。现状分析的目的是为了更好地指导设计，所以不仅仅要有分析的内容，还要有分析的结论（图3-2）。

（4）编制设计意向书

对基地资料分析、研究之后，设计者需要定出总体设计原则和目标，并制定出用以指导设计的计划书，即设计意向书。设计意向书可以从以下几个方面入手：

①设计的原则和依据；

②项目的类型、功能定位、性质特征等；

③设计的艺术风格；

④对基地条件及外围环境条件的利用和处理方法；

⑤主要的功能区及其面积估算；

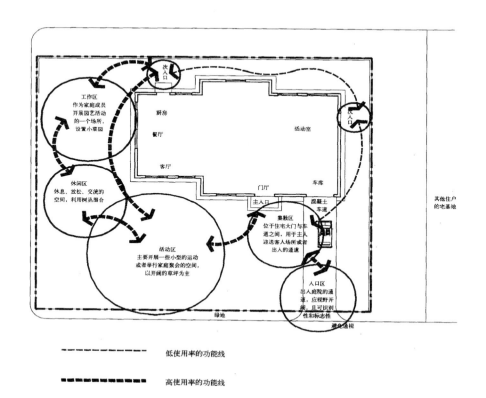

图3-3 功能分区泡泡图

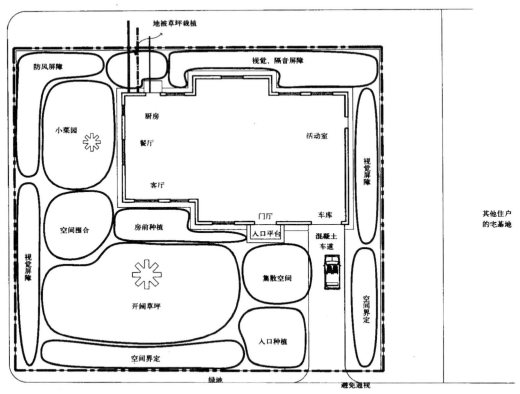

地被草坪栽植

防风屏障

视觉、隔音屏障

小菜园

厨房

餐厅

活动室

客厅

视觉屏障

空间围合

房前种植

门厅

车库

入口平台

其他住户的宅基地

混凝土车道

视觉屏障

集散空间

空间界定

开阔草坪

入口种植

空间界定

绿地

避免避视

图3-4　植物功能分区图

⑥投资概算；

⑦预期目标；

⑧设计时需要注意的关键问题等。

### 3.1.2　功能分区

（1）功能分区草图

设计师根据现状分析以及设计意向书确定基地的功能区域，将基地划分为若干功能区，在此过程中需要明确以下问题：

①场地中需要设置何种功能，每一种功能所需的面积如何。

②各个功能区之间的关系如何，哪些必须联系在一起，哪些必须分隔开。

③各个功能区服务对象有哪些，需要何种空间类型，比如是私密的还是开敞的等。

通常设计师利用圆圈或者其他抽象的符号表示功能分区，即泡泡图。图中应标示出分区的位置、大致范围，各分区之间的联系等。图3-3中，该庭院划分为入口区、集散区、活动区、休闲区、工作区等。入口区是出入庭院的通道，应该视野开阔，具有可识别性和标志性；聚散区位于住宅大门与车道之间，作为室内外过渡空间用于主人日常交通或迎送宾客；活动区主要开展一些小型的活动或者举行家庭聚会的空间，以开阔的草坪为主；休闲区主要为主人及其家庭成员提供一个休闲、放松、交流的空间，利用树丛围合；工作区作为家庭成员开展园艺活动的一个场所，设计一个小菜园。这一过程应该绘制多个方案，并深入研究和比照，从中选择

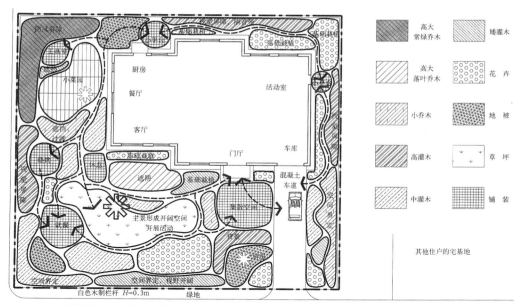

图3-5　植物造景设计分区规划图

图例：
- 高大常绿乔木
- 矮灌木
- 高大落叶乔木
- 花卉
- 小乔木
- 地被
- 高灌木
- 草坪
- 中灌木
- 铺装

其他住户的宅基地

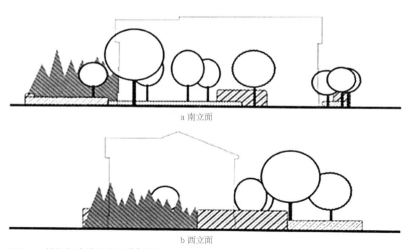

a 南立面

b 西立面

图3-6　植物组合效果立面分析图

一个最佳的分区设置组合方案。

在功能分区示意图的基础上，根据植物的功能确定植物功能分区，即根据各分区的功能确定植物主要配置方式。如图3-4所示，在五个主要的功能分区的基础上，植物分为防风屏障、视觉屏障、隔音屏障、开阔草坪、蔬菜种植地等。

（2）功能分区细化

①程序和方法

结合现状分析，在植物功能分区的基础上，将各个功能分区继续分解为若干不同的区段，并确定各区段内的种植形式、类型、大小、高度、形态等内容，如图3-5所示。

②具体步骤

A.确定种植范围。用图线标示出各种植区域和面积，并注意各个区域之间的联系和过渡。

B.确定植物的类型。根据植物种植分区规划图选择植物类型，只须确定是常绿的还是落叶的，是乔木、灌木、地被、花卉、草坪中的哪一类，并不用确定具体的植物名称。

C.分析植物组合效果。主要是明确植物的规格，最好的方法是通过测绘立面图，如图3-6所示。设计师通过立面图分析植物高度组合，一方面可以判定这种组合是否能够形成优美、流畅的林冠线；另一方面也可以判断这种组合是否能够满足功能需要，比如私密性、能否防风等。

D.选择植物的颜色和质地。在分析植物组合效果的时候，可以适当考虑一下植物颜色和质地的搭配，以便在下一环节能够选择适宜的植物。

以上这两个环节都没有涉及具体的某一株植物，完全从宏观入手确定植物的发布情况，就如同绘画一样，首先需要建立一个整体的轮廓，而非具体的某一细节，只有这样才能保证设计中各部分紧密联系，形成一个统一的整体。另外，在自然界中植物的生长也并非孤立的，而是以植物群落的方式存在的，这样的植物景观效果最佳、生态效益最好，因此，植物造景设计应该首先从总体入手。

### 3.1.3 种植设计

（1）设计程序

植物造景设计是以植物种植分区规划为基础，确定植物的名称、规格、种植方式、栽植位置等，常分为初步设计和详细设计两个过程。

①初步设计

A.确定孤植树

孤植树构成整个景观的骨架和主体，所以首先需要孤植树的位置、名称规格和外观形态，这也并非最终的结果，在详细阶段可以再进行调整。如图3-7所示，住宅建筑的南面与客厅窗户相对的位置

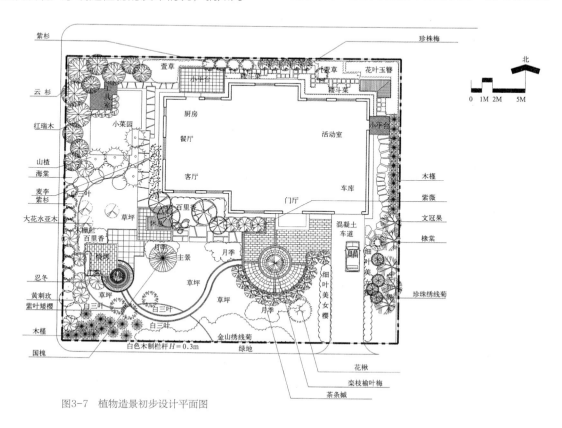

图3-7 植物造景初步设计平面图

上设置一株孤植树，它应该是高大、美观的。

B.确定配景植物

主景一经确定，就可以考虑其他配景植物了。如南窗前栽植银杏，银杏可以保证夏季遮阴、冬季透光，姿态优美；在建筑西南侧栽植几株山楂，白花红果，与西侧窗户形成对景；入口平台中央栽植栾枝榆叶梅，形成视觉焦点和空间标示。

C.选择其他植物

接下来，应根据现状分析按照基地分区以及植物的功能要求来选择配置其他植物。如图3-7所示，入口平台外围栽植茶条槭，形成围合空间；车行道两侧配置细叶美女樱组成的自然花境；基地的东南侧栽植文冠果，形成空间的界定，通过珍珠绣线菊形成空间过渡；基地的东侧栽植木槿，兼顾观赏和屏障的功能；基地的北面寒冷，光照不足，所以以耐寒、耐阴植物为主，选择玉簪、萱草以及紫杉、珍珠梅等植物；基地西北侧利用云杉构成防风屏障，并配置山楂、海棠、红瑞木等观花或者观枝

植物，与基地的西侧形成联系；基地的西南侧，与人行道相邻的区域，栽植枝叶茂密、观赏价值高的植物，如忍冬、木槿、紫叶矮樱等，形成优美的景观，同时起到视觉屏障的作用；基地的南面则选择低矮的植被，如金山绣线菊、白三草、草坪等，形成开阔的视线和顺畅的风道。

最后在设计图纸中利用具体的图例标示出植物的类型、规格、种植位置等，如图3-7所示。

②详细设计

对照设计意向书，结合现状分析、功能分区、初步设计阶段的工作成果，进行设计方案的修改和调整。详细设计阶段应该从植物的形状、色彩、质感、季相变化、生长速度、生长习性等多个方面进行综合分析，以满足设计方案中各种要求。

首先，核对每一区域的现状条件与所选植物的生态特征是否匹配，是否做到了"适地适树"。对于上例而言，由于空间较小，加之住宅建筑的影响，会形成一个特殊的小环境，所以在乡土植物为

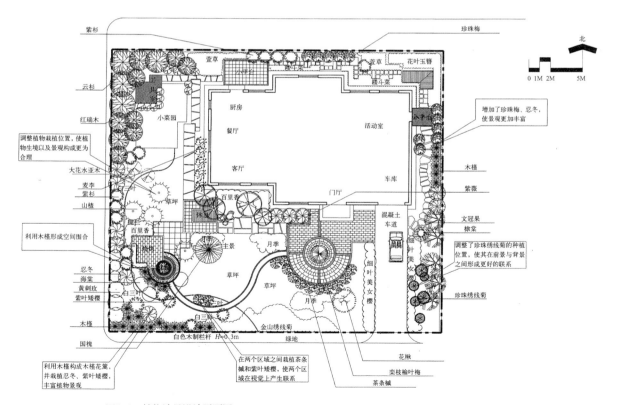

图3-8 植物造景设计平面图

主的前提下，可以结合甲方的要求引入一些适应小环境生长的植物，比如某些月季品种等。

其次，从平面构图角度分析植物种植方式是否合适，比如就餐空间的形状为圆形，如果要突出和强化这一构图形式，植物最好采用环植的方式。

然后，从景观构成角度分析所选择植物是否满足观赏的需要，植物与其他构景元素是否协调。这些方面最好结合立面图或者效果图来分析。

最后，进行图面的修改和调整，完成植物造景设计详图（图3-8），并填写植物表，编写设计说明。

（2）设计方法

①植物品种选择

首先要根据基地自然状况，如光照、水分、土壤等选择适宜的植物，即植物的生态习性与生境应该对应。

其次，植物的选择应该兼顾观赏和功能的需要，两者不可偏废。比如根据植物功能分区，建筑的西北侧栽植云杉形成防风屏障；建筑物的西南面栽植银杏，满足夏季遮阴、冬季采光的需要；基地南面铺植草坪、地被，形成顺畅的通风环境。另外，园中种植的百里香香气四溢，还可以用于调味；月季不仅花色秀美、香气袭人，而且还可以作切花，满足女主人的要求。每一处植物景观都是观赏与实用并用，只有这样才能够最大限度地发挥植物景观的效益。

另外，植物的选择还要与设计主题和环境相吻合，如庄重、肃穆的环境应该选择绿色或者深色调植物，轻松活泼的环境应选择色彩鲜亮的植物，如儿童空间应该选择花色丰富、无刺无毒的小型低矮植物；私人庭院应该选择观赏性高的开花植物或者芳香植物，少用常绿植物。

总之，在选择植物时，应该综合考虑各种因素：

A.基地自然条件与植物的生态习性（光照、水分、温度、土壤、风等）；

B.植物的观赏特性和使用功能；

C.当地的民俗习惯、人们的喜好；

D.设计主题和环境特点；

E.项目造价；

F.苗源；

G.后期养护管理等。

②植物的规格

植物的规格与植物的年龄密切相关，如果没有特别的要求，施工时栽植幼苗，以保证植物的成活率和降低工程成本。但在详细设计中，却不能按照幼苗规格配置，而应该按照成龄植物（成熟度75%~100%）的规格加以考虑，图纸中的植物图例也要按照成龄苗木的规格绘制，如果栽植规格与图中绘制不符时应在图纸中给出说明。

③植物布局形式

植物布局方式取决于园林景观的风格，比如规则式、自然式以及中式、日式、英式、法式等多种园林风格，它们在植物配置形式上风格迥异、各有千秋。

另外，植物的布局形式应该与其他构景要素相协调，比如建筑、地形、铺装、道路、水体等。还需要注意的是，在图纸中一定要标注清楚植物种植点的位置，因为项目实施过程中，需要根据图纸中种植点的位置栽植植物。如果植物种植点的位置出现偏差，就可能会影响到整个景观效果，尤其是孤植树种植点的位置更为重要。

④植物栽植密度

植物栽植密度就是植物种植间距的大小。要想获得理想的植物景观效果，应该在满足植物正常生长的前提下保证植物成熟后相互搭接，形成植物组团。如植物种植间距过大，以单体形式孤立存在，显得杂乱无章，缺少统一性；而植物相互搭接，以一个群体的状态存在，在视觉上形成统一的效果。因此，作为设计师不仅要知道植物幼苗的大小，还应该清楚植物成熟后的规格。

另外，植物的栽植密度还取决于所选植物的生长速度。对于速生树种，间距可以稍微大些，因为它们很快会长大，填满整个空间；相反的，对于慢生树种，间距要适当减小，以保证其在尽量短的时间内形成效果。所以说，植物种植最好是速生树种

表3-1　植物栽植间距

| 名　称 | | 下限（中—中）/ m | 上限（中—中）/ m |
|---|---|---|---|
| 一行行道树 | | 4.0 | 6.0 |
| 双行行道树 | | 3.0 | 5.0 |
| 乔木群植 | | 2.0 | — |
| 乔木与灌木混植 | | 0.5 | — |
| 灌木群植 | 大灌木 | 1.0 | 3.0 |
| | 中灌木 | 0.75 | 2.0 |
| | 小灌木 | 0.3 | 0.5 |

表3-2　植物与管线的最小距离

| 管线名称 | 最小间距 / m | |
|---|---|---|
| | 乔木（至中心） | 灌木（至中心） |
| 给水管 | 1.5 | 不限 |
| 污水管、雨水管、探井 | 1.0 | 不限 |
| 煤气管、探井、热力管 | 1.5 | 1.5 |
| 电力电缆、电信电缆 | 1.5 | 1.0 |
| 地上杆柱（中心） | 2.0 | 不限 |
| 消防龙头 | 2.0 | 1.2 |

表3-3　植物与建筑、构筑物的最小距离

| 建筑物、构筑物名称 | | 最小间距 / m | |
|---|---|---|---|
| | | 乔木（至中心） | 灌木（至中心） |
| 建筑物 | 有窗 | 3.0~5.0 | 1.5 |
| | 无窗 | 2.0 | 1.5 |
| 挡土墙顶内和墙角外 | | 2.0 | 0.5 |
| 围墙 | | 2.0 | 1.0 |
| 铁路中心线 | | 5.0 | 3.5 |
| 道路（人行道）路面边缘 | | 0.75 | 0.5 |
| 排水沟边缘 | | 1.0 | 0.5 |
| 体育用场地 | | 3.0 | 3.0 |

和慢生树种组合搭配。

如果栽植的是幼苗，而甲方又要求短期内获得景观效果，那就需要采取密植的方式，也就是说增加种植数量，减少栽植间距，当植物生长到一定时期后再进行适当的间伐，以满足观赏和植物生长的需要（植物栽植间距可参考表3-1进行设置）。

⑤满足技术要求

在确定具体种植点位置的时候还应该注意符合相关设计规范、技术规范的要求。

A.植物种植点位置与管线、建筑的距离，具体内容见表3-2和表3-3。

B.道路交叉口处种植树木时，必须留出非植树区，以保证行车安全视距，即在该视野范围内不应该栽植高于1 m的植物，而且不得妨碍交叉口路灯的照明。

植物造景设计涉及自然环境、人为因素、美学艺术、历史文化、技术规范等多个方面，在设计中需要综合考虑。

## 3.2　植物造景设计的基本原则

### 3.2.1　科学性原则

植物是有生命力的有机体，每一种植物对其生态环境都有特定的要求，在利用植物进行景观造景设计时必须先满足其生态要求。如果景观设计中的植物种类不能与种植地点的环境和生态相适应，植物就不能存活或生长不良，也就不能达到预期的景观效果。

（1）以乡土树种为主

乡土植物是在本地长期生存并保留下来的植物，它们在长期的生长进化过程中已经对周围环境有了高度的适应性。因此，乡土植物在当地来说是最适宜生长的，也是体现当地特色的主要因素，它理所当然成为城市绿化的主要来源。

（2）因地制宜

在景观设计时，要根据设计场地生态环境的不同,因地制宜地选择适当的植物种类,使植物本身的生态习性和栽植地点的环境条件基本一致,使方案能最终得以实施。这就要求设计者首先对设计场地的环境条件(包括温度、湿度、光照、土壤和空气)进行勘测和综合分析,然后才能确定具体的种植设计。例如,在有严重SO$_2$污染的工业区,应种植酢浆草、金鱼草、白皮松、毛白杨等抗污树种;在土壤盐碱化严重的黄河三角洲地区,应选用合欢、黄栌等耐盐碱植物;在建筑的阴面或林荫下,则应种植玉簪、棣棠、珍珠梅等耐阴植物。

### （3）师法自然

植物造景设计中栽培群落的设计,必须遵循自然群落的发展规律,并从丰富多彩的自然群落组成、结构中借鉴,保持群落的多样性和稳定性,这样才能从科学性上获得成功。自然群落内各种植物之间的关系是极其复杂和矛盾的,主要包括寄生关系、共生关系、附生关系、生理关系、生物化学关系和机械关系。在实现植物群落物种多样性的基础上,考虑这些种间关系,有利于提高群落的景观效果和生态效益。例如,温带地区的苔藓、地衣常附生在树干上,不但形成了各种美丽的植物景观,而且改善了环境的生态效应;而白桦与松、松与云杉之间具有对抗性,核桃叶分泌的核桃醌对苹果有毒害作用。

## 3.2.2 艺术性原则

完美的植物景观必须具备科学性与艺术性两方面的高度统一,既满足植物与环境在生态适应上的统一,又要通过艺术构图原理体现出植物个体及群体的形式美,以及人们欣赏时所产生的意境美。植物景观中艺术性的创造是极为细腻复杂的,需要巧妙地利用植物的形体、线条、色彩和质地进行构图,并通过植物的季相变化来创造瑰丽的景观,表现其独特的艺术魅力。

### （1）形式美法则

植物景观设计同样遵循着绘画艺术和景观设计艺术的基本原则,即统一、调和、均衡和韵律四大原则。植物的形式美是植物及其"景"的形式,一

定条件下在人的心理上产生的愉悦感反应。它由环境、物理特性、生理感应三要素构成。即在一定的环境条件下,对植物间色彩明暗的对比、不同色相的搭配及植物间高低大小的组合,进行巧妙的设计和布局,形成富于统一变化的景观构图,以吸引游人,供人们欣赏。

### （2）时空观

园林艺术讲究动态序列景观和静态空间景观的组织。植物的生长变化造就了植物景观的时序变化,极大地丰富了景观的季相构图,形成三时有花、四时有景的景观效果;同时,规划设计中还要合理配置速生和慢生树种,兼顾规划区域在若干年后的景观效果。此外,植物景观设计时,要根据空间的大小,树木的种类、姿态、株数的多少及配置方式,运用植物组合美化、组织空间,与建筑小品、水体、山石等相呼应,协调景观环境,起到屏俗收佳的作用。

### （3）意境美

园林中的植物花开草长、流红滴翠,漫步其间,使人们不仅可以感受到芬芳的花草气息和悠然的天籁,而且可以领略到清新隽永的诗情画意,使不同审美经验的人产生不同的审美心理的思想内涵和意境。意境是中国文学和绘画艺术的重要表现形式,同时也贯穿于园林艺术表现之中,即借植物特有的形、色、香、声、韵之美,表现人的思想、品格、意志,创造出寄情于景和触景生情的意境,赋予植物人格化。这一从形态美到意境美的升华,不但含义深邃,而且达到了"天人合一"的境界。

## 3.2.3 实用性原则

在植物造景设计和配置的过程中,应充分考虑到群落的稳定性原则,既要考虑面前的园林景观效果,又要充分考虑长远的效果,预见今后植物景观的变化,以保持园林植物景观的相对稳定性和可持续性。在平面上要有合理的种植密度,使植物有足够的营养空间和生长空间。一般应该根据成年树木树冠大小来决定种植距离,为了在短期内达到较好的配置效果,可适当缩小种植距离,几年以后再间

移，还可以适当选用大树栽植。此外，合理安排快生树和慢生树的比例，在竖向设计上，注意将喜光与耐阴、深根性与浅根性等不同类型的植物合理搭配，在满足植物生态条件下创造稳定的植物景观。

城市园林绿化还须遵循生态经济原则，在节约成本、方便管理、地养护的基础上尽可能以最少的投入获得最大的生态效益和社会效益。尽量选用适应性强、苗木易得的乡土树种，多选用寿命长、生长速度中等、耐粗放管理、耐修剪的植物。还可以选择一些经济价值高、观赏效果好的经济林果，使观赏性与经济效益有机结合起来。

### 3.2.4　功能性原则

园林设计与植物配置旨在解决问题，满足特定功能，因而设计者无论是选择植物种类，还是确定布局形式，都不仅以个人喜好为依据，应根据绿地类型，充分发挥植物各种生态功能、游憩功能、景观功能，结合设计目的进行植物配置。

（1）绿地生态功能要求

植物作为城市中特殊群体，对城市生态环境的维护和改善起着重要作用。植物配置应视具体绿地的生态要求，选择适宜的植物种类，如作为城市防护林的植物必须具备生长迅速、寿命长、根系发达、易栽易活、管理粗放、病虫害少等特性；污染严重的厂矿应选能抗有害气体、吸附烟尘的植物，如皂荚、臭椿、夹竹桃等；在医院可考虑种植杀菌能力较强的植物种类。

（2）绿地游憩功能要求

城市各种园林绿地常常也是城市居民的休闲游憩场所。在植物配置时，应考虑园林绿地的使用群体和游憩功能，进行人性化设计。设计时应充分考虑人的需要和人体尺度，符合人们的行为生活习惯。如在幼儿园、小学等儿童活动频繁的地区，应选择玩耍价值高、耐踩踏能力强、无危险性的植物，尽可能地保留一块没有设计而保持其自然状况的绿地，允许孩子们在这杂草丛生的地方挖土、攀爬、探险；在以老年群体为主要服务对象的园林绿地中，配置时更应注意选用花色鲜艳、香味浓郁的

植物为骨干树种，不仅使环境更容易被感知，还使老年人感官机能得到锻炼，以使身在其中的使用者获得心理与功能上的快乐。

（3）绿地景观功能的要求

在植物配置上，做到"因地制宜"，充分利用园林植物的色、香、姿、声、韵等方面的观赏特性，根据功能需求合理布置，构成观形、赏色、闻香、听声的植物景观，最大限度地发挥园林植物的"美"的魅力。要注意根据不同绿地环境、地形、景点、建筑物的特性不同、功能不同，进行"因地制宜"，体现不同风格的植物景观。此外，在植物配置时既要注意保持景观的相对稳定性，又应充分了解植物的季相变化，创造四时有景可赏的园林景观。

## 3.3　植物造景设计的主要方法

### 3.3.1　整体规划法

整体规划法是最基本的美学法则。在园林植物景观设计中，设计师必须将景观作为一个有机的整体加以考虑，统筹安排。整体规划法是以完形理论(Gestalt)为基础，通过发掘设计中各个元素相互之间内在和外在的联系，运用调和与对比、过渡与呼应、主景与配景以及节奏与韵律等手法，使景观在形、色、质地等方面产生统一而又富于变化的效果。调和是利用景观元素的近似性，使人们在视觉上、心理上产生协调感。如果其中某一部分发生

图3-9　植物的调和与对比

改变就会产生差异和对比。这种变化越大，这一部分与其他元素的反差越大，对比也就越强烈，越容易引起人们注意。最典型的例子就是"万绿丛中一点红"，"万绿"是调和，"一点红"是对比。在植物景观设计过程中，主要从外形、质地、色彩等方面实现调和与对比，从而达到整体、统一的效果（图3-9）。

### 3.3.2　层次比例法

#### （1）主景与配景

一部戏剧必须区分主角与配角，才能形成完整清晰的剧情。植物景观也是一样，只有明确主从关系才能够达到统一的效果。植物按照它在景观中的作用分为主调植物、配调植物和基调植物，它们在植物景观的主导位置依次降低，但数量却依次增加。也就是说，基调植物数量最多，就如同群众演员，同配调植物一道围绕着主调植物展开。

在植物配置时，首先确定一两种植物作为基调植物，使之广泛分布于整个园景中；同时，还应根据分区情况，选择各分区的主调树种，以形成各

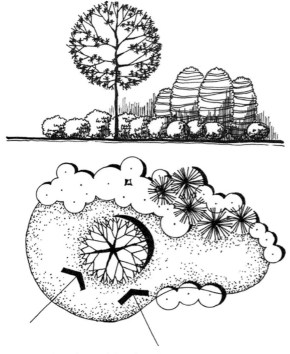

图3-10　植物造景设计中的主从关系

分区的风景主体。如杭州花港观鱼公园，按景色分为五个景区，在树种选择时，牡丹园景区以牡丹为主调植物，鱼池景区以海棠、樱花为主调树种，大草坪景区以合欢、雪松为主调树种，花港景区以紫薇、红枫为主调树种，而全园又广泛分布着广玉兰为基调树种。这样，全园景观因各景区不同的主调树种而丰富多彩，又因一致的基调树种而协调统一。在处理具体的植物景观时，应选择造型特殊、颜色醒目、形体高大的植物作为主景，比如油松、灯台树、枫杨、稠李、合欢、凤凰木等，并将其栽植在视觉焦点或者高地上，通过与背景的对比，突出其主景的位置（图3-10），在低矮灌木的"簇拥"下，乔木成为视觉的焦点，自然就成为景观的主体了。

#### （2）过渡与呼应

当景物的色彩、外观、大小等方面相差太大，对比过于强烈时，在人的心里会产生排斥感和离散感，景观的完整性就会被破坏。利用过渡和呼应的方法，可以加强景观内部的联系，消除或者减弱景物之间的对立，达到统一的效果。

比如图3-11中的方形与椭圆形之间存在较大的差异，但通过中间图形八角形、圆形可以形成自然的过渡。无论是图形、立体、色彩，还是尺度，都可以找到介于两者之间的中间值，将两者联系起来。比如配置植物时如果两种植物的颜色对比过于强烈，可以通过调和色或者无彩色，如白色、灰色等形成过渡，如图3-12所示。如果说"过渡"是连续的，则"呼应"就是跳跃的，主要是利用人的视觉印象，使分离的两个部分在视觉上形成联系，比如水体两岸的植物无法通过其他实体景物产生联系，但可以栽植色彩、形状相同中间色调植物或相似的植物形成呼应，在视觉上将两者统一起来。对于具体的植物景观，常常利用"对称和均衡"的方法形成景物的相互呼应，比如对称布置两株一模一样的植物，在视觉上相互呼应，形成"笔断意连"的完整界面。图3-13中左侧斜展的油松与右侧倾伏的龙柏，一左一右，一前一后，一仰一伏，交相呼应，构成非对称的均衡。

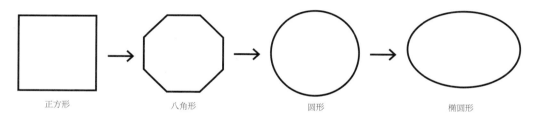

正方形 → 八角形 → 圆形 → 椭圆形

图3-11　几何图形的自然过渡

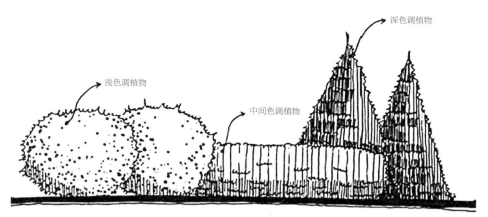

深色调植物

浅色调植物

中间色调植物

图3-12　植物色彩的过渡

图3-13　植物之间的相互呼应

### 3.3.3　色彩运用法

　　色彩中同一色系比较容易调和，并且色环上两种颜色的夹角越小越容易调和，比如黄色和橙黄色，红色和橙红色等;随着夹角的增大，颜色的对比也逐渐增强。色环上相对的两种颜色，即互补色，对比是最强烈的，比如红和绿、黄和紫等。

　　对于植物的群体效果，首先应该根据当地的气候条件、环境色彩、风俗习惯等因素确定一个基本色调，选择一种或几种相同颜色的植物进行大面积的栽植，构成景观的基调、背景，也就是常说的基调植物。基调植物通常多选用绿色植物，因绿色令人放松、舒适，而且绿色在植物色彩中最为普遍，虽然由于季节、光线、品种等原因，植物的绿色也会有深浅、明暗、浓淡的变化，但这仅是明度和色相上的微差，当作为一个整体出现时，是一种因为微差的存在而形成的调和之美。因此植物景观，尤其是大面积的植物造景，多以绿色植物为主，比如

颐和园以松柏类作为基调植物，花港观鱼以绿草坪作为基底配以成片的雪松形成雪松草坪景观，色调统一协调。当然，绿色也并非绝对的主调。布置花坛时，就需要根据实际情况选择主色调，并尽量选用与主色调同一色系的颜色作为搭配，以避免颜色过多而显得杂乱。

　　在总体调和的基础上，适当地点缀其他颜色，构成色彩上的对比，比如大面积的紫叶小檗模纹中配以由金叶女贞或者金叶绣线菊构成的图案，紫色与黄色形成强烈的对比，图案醒目。如图3-14所示，由桧柏构成整个景观的基调和背景，再配置京桃、红瑞木、京桃粉白相间的花朵、古铜色的枝干与深绿色桧柏形成柔和的对比，而红瑞木鲜红的枝条与深绿色桧柏形成强烈的对比。

　　进行植物色彩搭配时，应该注意尺度的把握，不要使用过多过强的对比色，对比色的面积要有所差异，否则会显得杂乱无章。当使用多种色彩的时

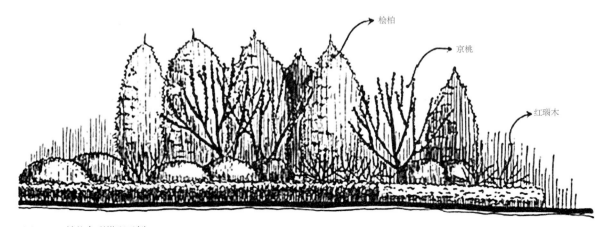

桧柏

京桃

红瑞木

图3-14　植物色彩搭配示例

图3-15　植物质感的调和与对比

　　　　　　　　　　　　　　　　　　植物造景设计 | PLANT LANDSCAPE DESIGN

候应该注意按照冷色系和暖色系分开布置，为了避免反差过大，可以在它们之间利用中间色或者无彩色(白色、灰色)进行过渡。

总之，无论怎样的园林风格，都要始终贯彻调和与对比原则，首先从总体上确定一个基本形式(形状、质地、色彩)，作为植物选配的依据，在此基础上进行局部适当的调整，形成对比。如果说调和是共性的表现，那对比就是个性的突出，两者在植物景观设计中是缺一不可的。

### 3.3.4　质地利用法

植物的质感会随着观赏距离的增加而变得模糊，所以质感的调和与对比往往针对某一局部的景观。

细质感的植物由于清晰的轮廓、密实的枝叶、规整的形状，常用作景观的背景，比如多数绿地都以草坪作为基底，其中一个重要原因就是经过修剪的草坪平整细腻，不会过多地吸引人的注意。配置时应该首先选择一些细质感的植物，比如珍珠绣线菊、小叶黄杨或针叶树种等，与草坪形成和谐的效果，在此基础上根据实际情况选择粗质感的植物加以点缀，形成对比（图3-15）。而在一些自然、充满野趣的环境中，常常使用未经修剪的草场，这种基底的质感比较粗糙，可以选用粗质感的植物与其搭配，但要注意植物的种类不要选择太多，否则会显得杂乱无章。

---

### | 知识点 |

1.植物造景设计的基本程序。

2.植物造景设计的基本原则。

3.植物造景设计的主要方法。

### | 思考题 |

1.如何做好植物造景设计的前期准备工作？

2.植物造景设计的基本原则有哪些？

3.举例说明植物造景设计的一些手法。

### | 作业 |

在学校周边选择一块绿地，对其进行植物造景设计，利用本章的知识点，对其进行前期分析以及分析后得出的成果，要求做成PPT并上台汇报。

### | 拓展阅读 |

1.http://www.ylstudy.com/ 园林学习网

2.http://www.chla.com.cn/htm/2011/0721/90851.html 中国风景园林网：

植物|园林绿化植物造景|园林绿化

3.http://www.tofree.com.cn/十上&云想衣裳室内设计工作室

# 4 植物组合造景设计

★ 目的要求

在了解植物单独配置应用方式的基础上，学习植物与其他造景要素组合造景的基本形式与要求。

园林中植物不仅可以提供庇荫、独自成景、体现季相，还可以和建筑、山石、水体、园路搭配，创造出协调的景观。从美学原则上讲，植物配置在园林中起到联系景物、画龙点睛的作用。在一个景区里，如果缺乏植物种植，就少了那种生机勃勃、灵动、风韵和整体感，就显得呆板；此外，园林植物还可以起到突出景观、衬托景点、引导视线的作用。

## 4.1 植物与园林建筑组合造景

优秀的建筑物在园林中本身就是一景，但因其建成之后在风格、色彩、体量等方面已固定不变，是一座呆板的景物，缺乏活力。倘若有适当的植物与之搭配，则可弥补这些不足，两者相得益彰。

（1）依据建筑物的形体、大小组合造景

建筑物在园林中作为景点时，植物的体量应远远小于建筑物。例如，政府办公大楼周围尽量选用低矮的灌木组成模纹花坛或选用草坪、地被以突显建筑物的宏伟、高大；若为功能性建筑物，则应尽量软化它，不显其笨重和呆板，植物形体上可选用与之对比度大的，如几何形建筑物周围配置圆锥形、塔尖形、圆球形、钟形、垂枝形及拱枝形的植物；高耸的建筑物周围用圆球形、卵圆形、伞形的植物（图4-1、图4-2）。

（2）依据建筑物的性质组合造景

纪念性建筑物或构筑物气氛庄严肃穆，宜选用常绿针叶树，并且规则式种植。南京中山陵大量选用雪松、龙柏；在政府办公建筑物周围，宜选用圆球形、卵圆形或尖塔形植物，以规则式或自然式种植；用作景点的园林建筑，如亭、廊、榭等，其周围应选形体柔软、轻巧的树种，点缀旁边或为其提供荫蔽；对大型标志性建筑物，用草坪、地被、花坛等来烘托和修饰；对小卖部、厕所等功能性建筑，尽量用高于人视线的灌木丛、绿墙、树丛等进行部分或全部掩盖；寺庙建筑物附近常有对植、列植或林植松、柏、国槐、七叶树、玉兰、菩提树、竹子等，以烘托气氛（图4-3～图4-6）。

（3）依据建筑物的色彩组合造景

用建筑墙面作背景配置植物时，植物的叶、花、果实的颜色不宜与建筑物的颜色一致或近似，宜与之形成对比，以突出其景观上的效果。如在北京古典园林中，红色建筑、围墙的前面不宜选用红色花、红果、红叶植物，灰白建筑、围墙前不宜选用开白花的植物种类（图4-7）。

（4）依据建筑物的朝向组合造景

建筑物的各个方位不同，其环境条件有很大差异，对植物的选择也应该区别对待（图4-8）。

## 4.2 植物与园林山石组合造景

"风景以山石为骨架，以水为血脉，以草木为毛发，以烟云为神采。故山得水而活，得草木而华，得烟云而秀媚。""山，古于石，褥于林，灵于水。"这都说明了山石因为有了植物才秀美，才有四季不同的景色，植物赋予山石以生命活力。

图4-1　用规整图案的低矮乔、灌木以及地被植物突显建筑的宏伟

图4-2　用植物对建筑进行软化

图4-3　办公建筑选用尖塔形植物以规则式种植

图4-4　园林建筑应选形体柔软、轻巧的树种

图4-5　标志性建筑物用草坪、地被、花坛等来烘托和修饰

图4-6　寺庙建筑物附近常有对植、列植或林植松、柏、国槐、七叶树、玉兰、菩提树、竹子等

图4-8　建筑南向比北向阳光充裕，因此建筑南向开阔地可种植花卉，而北向宜选用耐阴的乔、灌木种植

图4-7　植物的叶、花、果实的颜色不宜与建筑物的颜色一致或近似

图4-9 天津堆山公园

图4-10 植物与石山组合造景

图4-11 植物与石壁组合造景

图4-12 植物与石峰组合造景

图4-13 植物与水体组合造景

图4-14 植物与堤、岛组合造景

图4-15 杭州曲院风荷驳岸的植物配置

图4-16 上海后滩公园水面的植物配置

（1）土山的组合造景

在园林工程中，因地势平坦而挖湖堆山所形成的多为土山，此类山体一般都要用植物覆盖。此外，原地形保留下来的较低的山体，或裸露，或有稀疏植被，但多为人工种植，相对于有自然植被的山体有很大不同。人工山体高差不大，为突出其山体高度及造型，山脊线附近应植高大的乔木，山坡、山沟、山麓则应选择较为低矮的植物，山顶植以大片花木或色叶树，可以有较好的远视效果。山坡植被配置应强调山体的整体性以及成片效果，可配以色叶树、花木林、常绿林、常绿落叶混交林，景观以春季山花烂漫、夏季郁郁葱葱、秋季满山红叶、冬季苍翠雄浑为佳。山谷地形曲折幽深，环境阴湿，应选用耐阴植物，如配置成松云峡、梨花谷、樱桃沟等（图4-9）。

（2）石山的组合造景

假山全部用石，形体比较小，或如屏如峰置于庭院内、走廊旁，或依墙而建，兼做登楼蹬道。由于山上无土，植物配于山脚。为了显示山之峭拔，树木既要数量少，又要形体低矮，姿态各异的松、柏和紫薇等是较好的树种。因设计意境不同而配以不同的植物，像扬州个园，虽以竹子为主体植物，用不同石材来体现四季假山，与之相对应配置的植物亦有不同。春山，用湖石叠花坛，花坛内植散生翠竹，竹间置剑石、春梅、翠竹、迎春、芍药、海棠等花木，姹紫嫣红一片春色；夏山，太湖石配水，植古松、槐树、广玉兰、紫薇、石榴等；秋山，黄石、松、柏、玉兰衬托出红枫、青枫的"霜叶红于二月花"秋色图；冬山，以南天竹、腊梅为主，与宣石一起组成"岁寒三友"图（图4-10）。

（3）石壁的组合造景

石壁植物宜植苍松，或倚崖斜出，或苍藤攀悬，坚柔相衬。如苏州园华步小筑庭院，于正对着绿荫的院墙上堆垒以石壁，点缀以南天竹、藤蔓，恰似一幅图画；拙政园海棠春坞庭院，于南面院墙嵌以山石，并种植海棠及慈孝竹，嫣红苍翠，雅致清丽（图4-11）。

（4）石峰的组合造景

石峰是石块的单个欣赏，其形态尤须"玲珑有致"，以透、瘦、漏为美，所立之峰宜上小下大，尤其植物配置宜以低矮的花木为宜，如杜鹃、菠萝花、南天竹、瓜子杨等。如留园冠云峰庭院，内有三峰：冠云峰、瑞云峰和帕云峰，以冠云峰为主，居于园的中部，其余分立左右，峰下植以书带草、丛菊，衬托出石峰的高峻挺拔。有时在庭院的一角伫立石峰，配以修竹，在粉壁的素绢上画上一幅优美的石竹画（图4-12）。

## 4.3 植物与园林水体组合造景

（1）各类水体的植物配置

园林中的水体依静、动态来分，有湖、池等静态水景和河、溪、泉等动态水景，依形状有规则式和自然式水体。此外，水体还有大小和深浅之分（图4-13）。

①湖

湖是园林中最常见的水体景观。一般湖面辽阔，视野宽阔，水边种植时多以群植为主，注意群落林冠线的丰富和色彩的搭配。

②池

在较小的园林中常建池，为了获得"小中见大"，植物配置常突出个体姿态或色彩，多以孤植为主，创造宁静的气氛。中国传统园林中常建池。在现代园林中，在规则式的区域，池的形状多为几何形，常以花坛或圆球形等规则式树形相配。

③溪

人们习惯上将从山谷中流出的小股水流称为溪流。在现代园林中，多为人工形成的溪流。溪是一种动态景观，但往往处理成动中有静的效果。两旁多植以密林或群植，溪在林中若隐若现。为了与水的动态相呼应，亦可形成落花景观，将李、梨、苹果等单个花瓣下落的植物配于溪旁。此外，秋色叶植物也是最佳选择。林下溪边配喜阴湿的植物，如蕨类、天南星科、虎耳草、冷水花、千屈菜、旱伞草等。

④河

河分为天然河流和人工河流两大类，其本质上是流动的水。相对河宽来说，若河岸的建筑物和树林较高，产生的是被包围的景观；反之，则产生开放感的景观。河流景观的特点之一是映照在水面上的河岸景观。园林中的河流多为经过人工改造的自然河流。对于水位变化不大的相对静止的河流，两边植以高大的植物群落形成丰富的林冠线和季相变化；而以防汛为主的河流，则宜以固土护坡能力强的地被植物为主，如百三叶、禾本科、莎草科、蒲公英等。

⑤泉

泉是地下水的天然露头和一种重要的排泄方式。由于泉水喷吐跳跃，吸引了人们的视线，可作为景点的主题，再配置合适的植物加以烘托、陪衬，效果更佳。

（2）堤、岛的植物配置

水体中设置堤、岛是划分水面空间的重要手段，而堤、岛上的植物配置不仅增添了水面空间的层次，而且丰富了水面空间的色彩，倒影成为主要的景观（图4-14）。

①堤

堤在园林中虽不多见，但杭州的苏堤、白堤，北京颐和园的西堤，广州流花湖公园都有长短不同的堤。堤常与桥相连，故也是重要的游览路线之一。苏堤、白堤除桃红、柳绿、碧草的景色外，各桥头配置不同植物，长度较长的苏堤上隔一段距离换一些种类，以打破单调和沉闷。

②岛

岛一般分为孤岛和半岛。孤岛上，人一般不入内活动，只远距离欣赏，要求四面有景可赏，可选择多层次的群落结构形成封闭空间，以树形、叶色造景为主，注意季相的变化和天际线的起伏。半岛上，人可入内活动，远、近距离均可观赏，多设树林以供游人活动或休息；临水边或透或封，若隐若现，种植密度不能太大，能透出视线去观景，半岛在植物配置时还应考虑到有导游路线，不能妨碍交通。

（3）驳岸的植物配置

①自然式

自然式土岸边的植物应结合地形、道路和曲折的岸线，配置成有远有近、疏密有致的自然效果。英国园林中自然式驳岸的植物配置，多半以草坪为底色，种植大量的宿根球根花卉，引导游人到水边赏花。若须赏倒影，则在岸边植以大量花灌木及姿态优美的孤立树，特别是变色叶树种，可在水中产生虚幻的斑斓色彩。自然式石岸的岸石，有美有丑，植物配置时要本着露美遮丑的原则进行（图4-15）。

②规则式

规则式的石岸线条生硬，应用柔和的植物造型来破其平板，使画面流畅、生动。

（4）水面的植物配置

①成片布满型

这是指在小池或水池的某一区域全部分布某一水生植物，漫漫一片，蔚为壮观。杭州曲院风荷湖上一边全是荷花，盛夏产生"接天莲叶无穷碧，映日荷花别样红"的壮观场面（图4-16）。

②部分栽种型

这是按水面的情况灵活配置水生植物，若作近观，则栽在路边。如杭州中山公园通向西湖天下的九曲桥边，睡莲贴近岸边，细小花朵历历可数，或用植物表达园林意境，如苏州拙政园留听阁边的池中植以荷花，深秋"留得枯荷听雨声"。若作远赏，则可选植高品种，如荷花、芦苇等。

岸边有亭、台、楼、阁、榭、塔等园林建筑时，水中植物配置切忌拥塞，留出足够空旷的水面来展示倒影。

水体植物造景设计时，植物种类的选择和搭配要因地制宜，按植物的生态习性设置深水、中水及浅水栽植区。通常深水区在中央，渐至岸边分别作中水、浅水和沼生、湿生植物区。可以是单纯一种，如在较大水面种植荷花等，也可以几种混植。混植时的植物搭配除了要考虑植物生态要求外，在美化效果上要考虑有主次之分，以形成一定的特色，在植物间形体、高矮、姿态、叶形、叶色的特点及花期、花色上能相互对比调和。

## 4.4 植物与园林道路组合造景

园林道路是园林的骨架和脉络，不仅起到导游的作用，还是联系各景区的纽带，起着交通、导游、构景的作用。按其作用和性质的不同，园林道路一般分为主要道路、次要道路、散步小道三种类型。植物与之有相应的配置方法。

（1）主要道路的植物配置

主路是指从园林入口通向全园各景区中心、各主要广场、主要建筑、主要景点及管理区的道路。因游人量大，必要时还要通行少量管理车，所以其宽度以4～6 m为宜。道路两旁应充分绿化，形成树木交冠的庇荫效果，其旁边多布置左右不对称的不需截顶的行道树和修剪整形的灌木，利于游人观望其他景区，也可结合花境或花坛布置成自然式树丛、树群，从而丰富园内景观；若主路边有座椅，可在其附近种植高大的落叶阔叶庭荫树，以利于遮阴。对平坦笔直的主路，常用规则式配置，便于设置对景，构成一点透视。而对蜿蜒曲折的主路，则宜以自然式配置，使之有疏密、高低、敞蔽等变化，利用道路的转折、树干的姿态、树冠的高度将远景拉入道路上来。园路旁的树种应选择主干优美、树冠浓密、高低适度，能起画框作用的树种。对过长的主路应按不同的路段配置以不同的树种进行多个树种的配置，使之丰富变化。但在一定区域中树种不宜过多过杂，在丰富多彩中保持统一和谐；或以某一树种为主，间以其他树种，统一中求变化（图4-17）。

（2）次要道路的植物配置

径路是主路的辅助道路，分散在各区范围内，连接各景区内的景点，通向各主要建筑，一般宽2～4 m。径路可运用丰富多彩的植物，多为自然式或规则式布置，离道路或远或近设置孤植树、树丛、灌木、花丛或花径等，亦可布置行道树。在人

流稀少的环境中，适宜配置树姿自然、体形高大的树种，间以山石、茅亭，产生"虽由人作，宛自天开"的野趣之路的自然效果；或在山中林间穿路，形成宁静幽深、极富山林之趣的山道或竹翠摇曳、绿荫满地的竹径；选择开花丰满、花形美丽、花色鲜明，或有香味、花期较长的树种，如玉兰、樱花、桃花和桂花等，全部以花的姿色来营造气氛，鲜花簇拥，艳丽芬芳的花径，产生不同趣味的园林意境（图4-18）。

（3）散步小道的植物配置

小路主要供散步休息，引导游人更深入地到达园林的各个角落，如山上、水边、疏林中，多曲折自由布置，一般宽度在1 m左右。小路常设在山际、水边或树林深处，多为自然式布置于疏林草地、缀花草坪、花径、镶嵌草坪等。如穿过树丛，在高大的浓荫树下，自由地散置着几块石头，形成野趣之路。凡是林中所辟小路郁密度高，有山林野趣，散步道旁可配置乔、灌木，形成丰富多彩的树丛；还可布置花境，创造出一种真正具有游憩功能的优雅环境（图4-19）。

## 4.5 植物与小品组合造景

雕塑、园林小品需用植物作为背景时，色彩对比度要大，如青铜的雕塑要用浅绿色作背景；对于活动设施附近，首先考虑用大乔木遮阴，其次是安全性，枝干上无刺，无过敏性花粉，不污染衣物及用树丛、绿篱进行分隔。

中国古典园林中出现较多的是置石与植物的配置（图4-20）。在入口、拐角、路边、亭旁、窗前、花台等处，置石一块，配上姿、形与之匹配的植物即是一幅优美的画。能与置石协调的植物种类有：南天竹、凤尾竹、松、芭蕉、十大功劳、鸢尾、沿街草、菖蒲、旱伞草、兰花、金丝桃等。

图4-17　主要道路的植物配置　　　图4-18　次要道路的植物配置

图4-19　散步道的植物配置

图4-20　植物与园林小品组合造景

## | 知识点 |

1.植物与园林建筑组合造景的依据。

2.园林山石的类型，植物与各类山石组合造景的方法。

3.水面的植物配置类型。

4.主路、径路、小路的植物配置。

## | 思考题 |

1.植物在与其他景观要素配景中的作用是什么？

2.植物与其他造景要素组合造景的基本形式有哪些？

3.与山石、水体组合造景时应各选用哪些植物？

4.植物在营造道路景观中的注意事项有哪些？

## | 作业 |

参观游览3个公园，找出植物与其他要素组合造景的实例并拍摄照片，要求做成PPT文件，并上台交流学习。

## | 拓展阅读 |

[1] 何平.城市绿地植物配置及其造景[M].北京：中国林业出版社，2001.

[2] 潘谷西.江南理景艺术[M].南京：东南大学出版社，2003.

[3] http：//www.cctv-19.com/Article/2129.html,中华设计师网

[4] http：//www.chinabaike.com/z/jz/gh/376087.html,中国百科网

# 5 室内植物造景设计

★ 目的要求

掌握室内环境的特点以及室内植物选择应注意的事项，了解室内植物造景的主要场所与设计形式，熟悉室内植物造景设计的原则以及室内植物的栽培和养护管理等基础知识。

室内植物造景设计是指按照室内环境的特点，利用以室内观叶植物为主的观赏材料，结合人们的生活需要，对使用的器物和场所进行美化装饰的活动。这种美化装饰是从人们的物质生活与精神生活的需要出发，配合整个室内环境进行设计，使室内室外融为一体，体现动和静的结合，达到人、室内环境与大自然的和谐统一。它是传统的建筑装饰的重要手段。

早在17世纪，室内绿化已处于萌芽状态，一叶兰和垂笑君子兰是最早被选作室内绿化的植物。19世纪初，仙人掌植物风行一时，此后蕨类植物、八仙花属等植物相继被采用，种类越来越多，使得室内绿化在近几十年的发展过程中达到繁荣兴盛的阶段。

室内植物造景设计是人们将自然界的植物进一步引入居室、客厅、书房、办公室等自用建筑空间以及超市、宾馆、咖啡馆、室内游泳池、展览温室等公共的共享建筑空间中。自用空间一般具有一定的私密性，面积较小，以休息、学习、交谈为主，植物景观宜素雅、宁静；共享空间以游赏为主，当然也有坐下饮食、休息之用，空间一般较大，植物景观宜活泼、丰富多彩，甚至有地形、山、水、小桥、亭台等构筑物（图5-1、图5-2）。

## 5.1 室内环境特点与植物选择

室内生态环境条件与室外生态环境条件相差较大。室内环境通常情况下会有光照不足、空气湿度低、空气流通少、温度较恒定的特点，因此并不利于植物生长。为了保证植物的生长条件，除选择较能适应室内生长的植物种类外，还需通过人工装置的设备来改善室内光照、温度、空气湿度、通风等条件，以维持植物生长。

图5-1 广州白天鹅宾馆

图5-2 北京电视台培训中心大厅

### 5.1.1 室内环境特点

#### （1）光照

室内限制植物生长的主要生态因子是光。如果光照强度达不到光补偿点，将导致植物生长衰弱甚至死亡。综合国内外各方面光照与植物生长关系的资料，一般认为低于300 lx的光照强度，植物不能维持生长；照度在300~800 lx，若每天保证能持续8~12小时，则植物可维持生长，甚至能增加少量新叶；照度在800~1600 lx，若每天能持续8~12小时，则植物生长良好，可换新叶；照度在1600 lx以上，若每天持续12小时，植物甚至可以开花。

#### ① 自然光照

自然光照是指来源于顶窗、侧窗、屋顶、天井等处的光照。自然光具有植物生长所需的各种光谱

图5-3　自然光照直射光

图5-4　自然光照明亮光线

成分，无需成本，但是受到纬度、季节及天气状况的影响，室内的受光面也因朝向、玻璃质量等变化不一。一般屋顶及顶窗采光最佳，受干扰少，光照及面积均大，光照分布均匀，植物生长匀称。而侧窗采光则光强较低，面积较小，且导致植物侧向生长，侧窗的朝向同样影响室内的光照强度。

直射光：南窗、东窗、西窗都有直射光线，而以南窗直射光线最多，时间最长，所以在南窗附近可配置需光量大的植物种类，甚至少量观花种类。如仙人掌、蟹爪兰、杜鹃花等。当有窗帘遮挡时，可植虎尾兰、吊兰等稍耐阴的植物（图5-3）。

明亮光线：东窗、西窗除时间较短的直射光线外，大部分为漫射光线，仅为直射光20%~25%的光强。西窗夕阳光照强，夏季还需适当遮挡，冬季可补充室内光照，也可配置仙人掌类等多浆植物。东窗可配置些橡皮树、龟背竹、变叶木、苏铁、散尾葵、文竹、豆瓣绿、冷水花等（图5-4）。

中度光线：在北窗附近，或距离光窗户2 m远处，其光强仅为直射光的10%左右，只能配置些蕨类植物、冷水花、万年青等种类（图5-5）。

微弱光线：室内4个墙角，以及离光源6.5 m左右的墙边，光线微弱，仅为直射光的3%~5%，宜配置耐阴的喜林芋、棕竹等（图5-6）。

#### ② 人工光照

室内自然光照不足以维持植物生长，故须设置人工光照来补充。常见的有白炽灯和荧光灯。二者的优缺点如下：白炽灯的外形很多，可设计成各种光源的聚光灯或平顶型灯。优点是光源集中紧凑，安装价格低廉，体积小，种类多，红光多。缺点是能量功效低，光强常不能满足开花植物的要求；温度高、寿命短；光线分布不均匀，蓝光低等。故应用于居住环境中宜与天然光或具蓝光的荧光灯混合使用，并要考虑与植物的距离不宜太近，以免灼伤。荧光灯是最好的人工光照，其优点是能量功效大，比白炽灯放出的热量少；寿命长；光线分布均匀，光色多，蓝光较高，有利于观叶植物的生长。缺点是安装成本较高；光强不能聚在一起，灯管中间部分光效比两端高，红光低。此外，还有

图5-5　自然光照中度光线

图5-6　自然光照微弱光线

图5-7　人工光照

图5-8　昆明世博园温室中的植物

水银灯常用于高屋顶的商业环境，但成本很高（图5-7）。

（2）温度

用作室内造景的植物大多原产在热带和亚热带，故其有效的生长温度以18~24℃为宜，夜晚也以高于10℃为好，最忌温度骤变。白天温度过高会导致过度失水，造成萎蔫；夜晚温度过低也会导致植物受损。故常设置恒温器，以便在夜间温度下降时增添能量。另外，顶窗的启闭可控制空气的流通及调节室内温度和湿度（图5-8）。

（3）湿度

室内空气相对湿度过低不利于植物生长，过高人们会感到不舒服，一般控制于40%~60%。如降至25%以下，则会导致植物生长不良，因此要预防冬季供暖时空气湿度过低的弊病。室内造景时，设置水池、叠水、瀑布、喷泉等均有助于提高空气湿度。如无这些设备时，可以增加喷雾或采用套盆栽植等手段来提高空气湿度（图5-9、图5-10）。

（4）通风

室内空气流通差，常导致植物生长不良，甚

至发生叶枯、叶腐、病虫滋生等现象，故要通过开启窗户来进行调节。此外，还可以设置空调系统的冷、热风口予以调节（图5-11）。

### 5.1.2 室内植物选择

近十多年来，室内绿化发展迅猛，不仅体现在植物种类增多，与此同时配置的艺术性及养护的水平也越来越高。室内植物主要以观叶种类为主，间有少量赏花、观果种类。室内的植物选择是双向的，一方面对室内来说，是选择什么样的植物较为合适；另一方面对植物来说，应该有什么样的室内环境才能适合其生长。因此，在设计之初，就应该和其他功能一样，拟订出一个"绿色计划"。

为了适应室内条件，应选择能经受低光照、低湿度、高温的植物。一般说来，观花植物比观叶植物需要更多的细心照料。根据上述情况，在室内选用植物时，应首先考虑如何更好地为室内植物创造良好的生长环境，如加强室内外空间联系，尽可能创造开敞和半开敞空间，提供更多的日照条件，采用多种自然采光方式，尽可能挖掘和开辟更多的地面或楼层的绿化种植面积，布置花园、增设阳台，选择在适当的墙面上悬置花槽等，创造充满绿色特色的室内空间，并在此基础上考虑选择室内植物的目的、用途、意义、造型、风格、大小、色彩、种类、养护等问题。

（1）室内植物选择应考虑的因素

如前所述，室内植物选择时应考虑多方面因素，主要包括以下几个方面：

①给室内创造怎样的气氛和印象。不同的植物形态、色泽、造型等都表现出不同的性格、情调和气氛，如庄重感、雄伟感、潇洒感、抒情感、华丽感、淡泊感、幽静感等，选择时应和室内要求的气氛达到一致。现代室内为引人注目的宽叶植物提供了理想的背景，而古典传统的室内可以与小叶植物更好地结合。不同的植物形态和不同室内风格有着密切的联系（图5-12、图5-13）。

②应根据空间的大小选择植物的尺度。一般把室内植物分为大、中、小三类：小型植物高度在

图5-9　水池能增加室内的湿度

图5-10　室内设置鱼池以增加湿度

图5-11　打开门窗通风对植物生长有利

图5-12　现代风格空间中的 图5-13　传统风格空间中的植物
植物

图5-14　大型植物

图5-15　博物馆前厅中的中型植物

图5-16　窗户小空间适合小型植物 图5-17　利用柜架布置植物

图5-18　利用楼梯背部空间布置植物 图5-19　利用顶部空间悬挂植物 图5-20　植物的色彩与空间整体的色彩协调

0.3 m以下；中型植物高度为0.3～1 m；大型植物高度在1m以上。植物的大小应和室内空间尺度以及家具获得良好的比例关系，小的植物并没有组成群体时，对大的开敞空间影响不大，而茂盛的乔木会使一般房间变小，但对高大的中庭又能增强其雄伟的风格。有些乔木也可抑制其生长速度或采取树桩盆景的方式，使其能适于室内观赏（图5-14～图5-16）。

③利用不占室内面积之处布置绿化。如利用柜架、壁龛、窗台、角隅、楼梯背部等处以及各种悬挂方式（图5-17～图5-19）。

④植物的色彩是另一个须考虑的问题。鲜艳美丽的花叶可为室内增色不少，植物的色彩选择应和整个室内色彩取得协调。由于现在可选用的植物多种多样，对多种不同的叶形、色彩、大小应予以组织和简化，但过多的对比会使室内显得凌乱（图5-20、图5-21）。

⑤种植植物容器的选择。应按照花形选择其大小、质地，不宜突出花盆的釉彩，以免遮掩了植物本身的美。玻璃瓶养花可利用化学烧瓶，简捷、大方、透明、耐用，适合于任何场所，并可透过玻璃观赏到美丽的须根、卵石（图5-22）。

⑥与室外的联系。如面向室外花园的开敞空间，被选择的植物应与室外植物取得协调。植物的容器、室内地面材料应与室外取得一致，使室内空间有扩大感和整体感（图5-23、图5-24）。

⑦养护问题，包括修剪、绑扎、浇水、施肥。对悬挂植物更应注意采取相应供水的办法避免冷气和穿堂风对植物的伤害，对观花植物予以更多的照顾（图5-25～图5-41）。

⑧注意少数人对某种植物的过敏性问题。

以上因素在室内植物造景设计时应综合考量，慎重选择。

（2）常用的室内植物

常用的室内植物从种类上分为木本植物、草本植物、藤本植物和肉质多浆植物等（图5-42～图5-44）。表5-1所列为常见的室内装饰植物。

图5-21　花叶的色彩与室内色彩统一

图5-22　不同的种植容器

图5-23　半开敞空间与室外空间的协调

图5-24　面向室外空间中的植物容器与室外材质统一

图5-25　悬挂植物的养护

## 表5.1　室内常用植物

| 植物种类 | 植物学名 | 拉丁名称 | 植物性状 | 分布区域 |
|---|---|---|---|---|
| 木本植物 | 棕竹 | Rhapis humilis | 耐阴，耐湿，耐旱，耐瘠，株丛挺拔翠秀 | 原产我国、日本，现我国南方广泛栽培 |
| | 垂榕 | Ficus benjamina | 喜温湿，枝条柔软，叶互生，革质，卵状椭圆形，丛生常绿。自然分枝多，盆栽成灌木状，对光照要求不严，常年置于室内也能生长，5℃以上可越冬 | 原产于印度，我国已有引种 |
| | 蒲葵 | Livistona chinensis | 常绿乔木，性喜温暖，耐阴，耐肥，干粗直，无分枝，叶硕大，呈扇形，叶前半部开裂，形似棕榈 | 我国广东、福建广泛栽培 |
| | 假槟榔 | Archontophoenix alexandrae | 喜温湿，耐阴，有一定耐寒抗旱性，树体高大，干直无分枝，叶呈羽状复叶 | 在我国广东、海南、福建、台湾广泛栽培 |
| | 苏铁 | Cycas revoluta | 名贵的盆栽观赏植物，喜温湿，耐阴，生长异常缓慢，茎高3 m，需生长100年，株精壮、挺拔，叶簇生于茎顶，羽状复叶，寿命在200年以上 | 原产于我国南方，现各地均有栽培 |
| | 三药槟榔 | Areca triandra | 喜温湿，耐阴，丛生型小乔木，无分枝，羽状复叶。植株4年可达1.5～2.0 m，最高可达6 m以上 | 我国亚热带地区广泛栽培 |
| | 山茶花 | Camellia japonica | 喜温湿，耐寒，常绿乔木，叶质厚亮，花有红、白、紫或复色 | 是我国传统的名花，花叶俱花，备受人们喜爱 |
| | 鹅掌柴 | Cchefflera octophylla | 常绿灌木，耐阴喜湿，多分枝，叶为掌状复叶，一般在室内光照下可正常生长 | 原产于我国南部热带地区及日本等地 |
| | 棕榈 | Trachycarpus fortunei | 常绿乔木，极耐寒、耐阴，圆柱形树干，叶簇生于茎顶，掌状深裂达中下部，花小黄色，根系浅而须根发达，寿命长，耐烟尘，抗二氧化硫及氟的污染，有吸收有害气体的能力。室内摆设时间，冬季可1～2个月轮换一次，夏季半个月就需要轮换一次 | 棕榈在我国分布很广 |
| | 广玉兰 | Magnolia grandiflora Linn | 常绿乔木，喜光，喜温湿，半耐阴，叶长椭圆形，花白色，大而香。室内可放置1～2个月 | 原产于北美洲，属亚热带树种 |
| | 海棠 | Begonia | 落叶小乔木，喜阳，抗干旱，耐寒，叶互生，花簇生，花红色转粉红。品种有贴梗海棠、垂丝海棠、西府海棠、木瓜海棠，为我国传统名花。可制作成桩景、盆花等观花效果，宜室内光线充足、空气新鲜之处 | 我国广泛栽种 |
| | 桂花 | Osmanthus fragrans | 常绿乔木，喜光，耐高温，叶有柄，对生，椭圆形，边缘有细锯齿，革质深绿色，花黄白或淡黄，花香四溢。树性强健，树龄长 | 我国各地普遍种植 |
| | 栀子 | Gardenia jasminoides | 常绿灌木，小乔木，喜光，喜温湿，不耐寒，吸硫，可净化大气，叶对生或三枚轮生，花白香浓郁。宜室内光线充足、空气新鲜处 | 我国中部、南部、长江流域均有分部 |

| 植物种类 | 植物学名 | 拉丁名称 | 植物性状 | 分布区域 |
|---|---|---|---|---|
| 草本植物 | 龟背竹 | M.deliciosa | 多年生草木,喜温湿、半耐阴,耐寒耐低温,叶宽厚,羽裂形,叶脉间有椭圆形孔洞。在室内一般采光条件下可正常生长 | 原产于墨西哥等地,现已很普及 |
| | 兰花 | Cymbidium spp. | 多年生草本,喜温湿、耐寒,叶细长,花黄绿色,香味清香 | 品种繁多,为我国历史悠久的名花 |
| | 吊兰 | Chlorophytum comosum | 常绿缩根草本,喜温湿,叶基生、宽线形,花茎细长,花白色 | 品种多,原产于非洲,现我国各地已广泛培植 |
| | 水仙 | Narcissus tazetta | 多年生草本,喜温湿、半耐阴,秋种,冬长,春开花,花白色芳香 | 我国东南沿海地区及西南地区均有栽培 |
| | 海芋 | Alocasia macrorhiza | 多年生草本,喜湿耐阴,茎粗叶肥大,四季常绿 | 我国南方各地均有培植 |
| | 虎尾兰 | Sansevieria trifasciata | 多年生草本植物,喜温耐旱,叶片多肉质,纵向卷曲成半筒状,黄色边缘上有暗绿横条纹似虎尾巴,称金边虎尾兰 | 原产于美洲热带,我国各地普遍栽植 |
| | 文竹 | Asparagus plumosus | 多年生草本观叶植物,喜温湿、半耐阴,枝叶细柔,花白色,浆果球状,紫黑色 | 原产于南非,现世界各地均有栽培 |
| | 火鹤花 | Anthurium scherzerianum | 喜温湿,叶暗绿色,红色单花顶生,叶丽花美 | 原产于中、南美洲 |
| | 非洲紫罗兰 | Saintpaulia ionantha | 草本观花观叶植物,与紫罗兰特征完全不同,株矮小,叶卵圆形,花有红、紫、白等色 | 我国已有栽培 |
| | 黄金葛（绿萝） | Scindapsus aureus | 蔓性观叶植物,耐阴、耐湿、耐旱,叶互生,长椭圆形,绿色上有黄斑,攀缘观赏 | |
| | 薜荔 | Ficus pumal | 常绿攀缘植物,喜光,贴壁生长。生长快,分枝多 | 我国已广泛栽培 |
| 肉质植物 | 仙人掌 | Opuntia ficus-indica | 多年生肉质植物,喜光、耐旱,品种繁多,茎节有圆柱形、鞭形、球形、长圆形、扇形、蟹叶形等,千姿百态,造型独特,茎叶艳丽,在植物中别具一格。培植养护都很容易 | 原产于墨西哥、阿根廷、巴西等地,我国已有少数品种 |
| | 长寿花 | Kalanchoe blossfeldiana | 多年生肉质观花观叶植物,喜暖、耐旱,叶厚呈银灰色,叶细密成簇形,花色有红、紫、黄等,花期甚长 | 原产于马达加斯加,我国早有栽培 |

（3）室内植物选择的基本原则

①形式美原则

形式美是室内植物造景设计的重要原则。因此，必须依照美学的原理，通过艺术的设计，明确主题，合理布局，分清层次，协调形状和色彩，才能收到和谐美丽的艺术效果，使植物布置很自然地与室内装饰艺术联系在一起。为体现室内植物造景设计的艺术美，必须通过一定的形式，使其体现构图合理、色彩协调、形式和谐。

A.构图合理。构图是将不同形状、色泽的物体按照美学的观念组成一个和谐的景观。绿化装饰要求构图合理（即构图美）。构图是装饰工作的关键问题，在装饰布置时必须注意两个方面：其一是布置均衡，以保持稳定感和安定感；其二是比例合度，体现真实感和舒适感。

布置均衡包括对称均衡和不对称均衡两种形式。人们在居室绿化装饰时习惯于对称均衡，如在走道两边、会场两侧等摆上同样品种和同一规格的花卉，显得规则整齐、庄重严肃。与对称均衡相反的是室内绿化自然式装饰的不对称均衡。如在客厅沙发的一侧摆上一盆较大的植物，另一侧摆上一盆较矮的植物，同时在其近邻花架上摆上一悬垂花卉。这种布置虽然不对称，但却给人以协调感，视觉上认为二者重量相当，仍可视为均衡。这种绿化布置得轻松活泼，富于雅趣。

比例合度，是指植物的形态、规格等要与所摆设的场所大小、位置相配套。比如，空间大的位置可选用大型植株及大叶品种，以利于植物与空间的协调；小型居室或茶几案头只能摆设矮小植株或小盆花木，这样会显得优雅得体。

掌握布置均衡和比例合度这两个基本点，就可有目的地进行室内植物造景设计的构图组织，实现装饰艺术的创作，做到立意明确、构图新颖、组织合理，使室内观叶植物虽在斗室之中，却能"隐现无穷之态，招摇不尽之春"（图5-45）。

B.色彩协调。色彩感觉是美感中最大众的形成。色彩包括色相、明度和彩度三个基本要素。色相就是色别，即不同色彩的种类和名称；明度是指色彩的明暗程度；彩度也叫饱和度，即标准色。色彩对人的视觉是一个十分醒目且敏感的因素，在室内植物造景设计艺术中发挥着举足轻重的作用。

室内植物造景设计的形式要根据室内的色彩状况而定。如以叶色深沉的室内观叶植物或颜色艳丽的花卉作布置时，背景底色宜用淡色调或亮色调，以突出布置的立体感；居室光线不足、底色较深时，宜选用色彩鲜艳或淡绿色、黄白色的浅色花卉，以便取得理想的衬托效果。陈设的花卉也应与家具色彩相互衬托，如清新淡雅的花卉摆在底色较深的柜台、案头上可以提高花卉色彩的明亮度，使人精神振奋。

此外，室内植物造景设计植物色彩的选配还要随季节变化以及布置用途不同而作必要的调整（图5-46、图5-47）。

C.形式和谐。植物的姿色形态是室内植物造景设计的第一特性，它将给人以深刻的印象。在进行室内植物造景设计时，要依据各种植物的各自姿色形态，选择合适的摆设形式和位置，同时注意与其他配套的花盆、器具及饰物间搭配协调，力求做到和谐相宜。如悬垂花卉宜置于高台花架、柜橱或吊挂高处，让其自然悬垂；色彩斑斓的植物宜置于低矮的台架上，以便于欣赏其艳丽的色彩；直立、规则植物宜摆在视线集中的位置；空间较大的中间位置可以摆设丰满、匀称的植物，必要时还可采用群体布置，将高大植物与其他矮生品种摆设在一起，以突出布置效果等（图5-48、图5-49）。

②实用原则

室内植物造景设计必须符合功能性要求，要实用，这是室内植物造景设计的另一重要原则。要根据绿化布置场所的性质和功能要求，从实际出发，才能做到绿化装饰美学效果与实用效果的高度统一。如书房是读书和写作的场所，应以摆设清秀典雅的绿色植物为主，以创造一个安宁、优雅、静穆的环境，使人在学习间隙举目张望，让绿色调节视力，缓和疲劳，起镇静悦目的功效；而不宜摆设色彩鲜艳的花卉（图5-50、图5-51）。

图5-26 棕竹

图5-27 橡皮树

图5-28 发财树

图5-29 象脚丝兰

图5-30 常春藤

图5-31 滴水观音

图5-32 吊兰

图5-33　富贵竹　　　　　图5-34　龟背竹　　　　　　　　图5-35　君子兰

图5-36　芦荟　　　　　　图5-37　铁线蕨　　　　　　　　图5-38　文竹

图5-39　银皇后　　　　　　　图5-40　绿铃　　　　　　　图5-41　绿箩

图5-42　仙人掌　　　　　图5-43　仙人掌　　　　　　　图5-44　仙人指

图5-45 植物构图

图5-46 色彩协调

图5-47 白色植物的色彩与整体色彩既对比又协调

图5-48 植物的布置与墙上的国画协调

图5-49 大空间中的大的乔木布置

图5-50 实用原则的植物布置

图5-51 书房中的植物

图5-52 选配合乎经济水平的档次和格调的植物

图5-53 栽植式

图5-54 室内悬吊绿色植物

③经济原则

室内植物造景设计除要注意美学原则和实用原则外，还要求绿化装饰的方式经济可行，而且能保持长久。设计布置时要根据室内结构、建筑装修和室内配套器物的水平，选配合乎经济水平的档次和格调，使室内"软装修"与"硬装修"相协调。同时要根据室内环境特点及用途选择相应的室内观叶植物及装饰器物，使装饰效果能保持较长时间。

上述三个原则是室内植物造景设计的基本要求。它们联系密切，不可偏颇。如果一项装饰设计美丽动人，但不适于功能需要或费用昂贵，也算不上是一项好的装饰设计方案（图5-52）。

## 5.2 室内植物造景设计形式

室内植物造景设计形式除要根据植物材料的形态、大小、色彩及生态习性外，还要依据室内空间大小、光线强弱和季节变化，以及气氛而定。其装饰方法和形式多样，主要有栽植式、悬垂式、陈列式、壁挂式、攀附式以及迷你式等设计形式。

（1）栽植式

这种装饰方法多用于室内花园及室内大厅堂有充分空间的场所。栽植时，多采用自然式，即平面聚散相依、疏密有致，并使乔灌木及草本植物和地被植物组成层次，注重姿态、色彩的协调搭配，适当注意采用室内观叶植物的色彩来丰富景观画面；同时考虑与山石、水景组合成景，模拟大自然的景观，给人以回归大自然的美感（图5-53）。

（2）吊挂式

对于室内较大的空间内，应结合天花板、灯具，在窗前、墙角、家具旁吊放有一定体量的阴生悬垂植物，可改善室内人工建筑的生硬线条造成的枯燥单调感，营造生动活泼的空间立体美感，且"占天不占地"，可充分利用空间。这种装饰要使用金属、木材，或塑料吊盆，使之与所配材料有机结合，以取得意外的装饰效果（图5-54、图5-55）。

（3）陈列式

陈列式是室内植物造景设计最常用和最普通的装饰方式，包括点式、线式和面式三种。其中以点式最为常见，即将盆栽植物置于桌面、茶几、柜角、窗台及墙角，或在室内高空悬挂，构成绿色视点。线式和面式是将一组盆栽植物摆放成一条线或组织成自由式、规则式的片状图形，起到组织室内空间、区分室内不同用途场所的作用；或与家具结合，起到划分范围的作用。几盆或几十盆组成的片状摆放，可形成一个花坛，产生群体效应，同时可突出中心植物主题。采用陈列式绿化装饰，主要应考虑陈列的方式、方法和使用的器具是否符合装饰要求。传统的素烧盆及陶质釉盆仍然是主要的种植器具。至于出现的表面镀仿金、仿铜的金属容器及各种颜色的玻璃缸套盆则可与豪华的西式装饰相协调。总之，器具的表面装饰要视室内环境的色彩和质感及装饰情调而定（图5.56～图5.58）。

（4）壁挂式

室内墙壁的美化绿化也深受人们的欢迎。壁挂式有挂壁悬垂法、挂壁摆设法、嵌壁法和开窗法。预先在赶墙上设置局部凹凸不平的墙面和壁洞，放置盆栽植物；或在靠墙地面放置花盆，或砌种植槽，然后种上攀附植物，使其沿墙面生长，形成室内局部绿色的空间；或在墙壁上设立支架，在不占空间处放置花盆，以丰富空间。采用这种装饰方法时，应主要考虑植物姿态和色彩。壁挂式以悬垂攀附植物材料最为常用，其他类型植物材料也常使用（图5.59）。

（5）攀附式

大厅和餐厅等室内某些区域需要分割时，可采用带攀附植物隔离，或带某种条形或图案花纹的栅栏再附以攀附植物。攀附植物与攀附材料在形状、色彩等方面要协调，以使室内空间分割合理、协调而且实用（图5.60）。

（6）迷你式

迷你式这种装饰方式在欧美、日本等地极为盛行。其基本形态乃源自插花手法，利用迷你型观

图5-55　餐厅吊挂植物

图5-56　点式布置

图5-57　线式布置

图5-58　面式布置

图5-59　壁挂式

叶植物配置在不同容器内，摆置或悬吊在室内适宜的场所，或作为礼品赠送他人。这种装饰法设计最主要的目的是要达到功能性的绿化与美化，也就是说，在布置时要考虑室内观叶植物如何与生活空间内的环境、家具、日常用品等相搭配，使装饰植物材料与其环境、生态等因素高度统一。其应用方式主要有迷你吊钵、迷你花房、迷你庭园等。

①迷你吊钵

迷你吊钵是将小型的蔓性或悬垂观叶植物作悬垂吊挂式装饰。这种应用方式观赏价值高，即使是在狭小空间或缺乏种植场所时仍可被有效利用（图5-61、图5-62）。

②迷你花房

迷你花房是指在透明有盖子或瓶口小的玻璃器皿内种植室内观叶植物。它所使用的玻璃容器形状繁多，如广口瓶、圆锥形瓶、鼓形瓶等。由于此类容器瓶口小或加盖，水分不易蒸发散逸，在瓶内可被循环使用，所以应选用耐湿的室内观叶植物。迷你花房一般是多品种混种。在选配置物时应尽可能选择特性相似的配置一起，这样更能达到和谐的境界（图5-63、图5-64）。

③迷你庭园

迷你庭园是指将植物配置在平底水盘容器内的装饰方法。其所使用的容器不局限于陶制品，木制品或蛇木制品亦可，但使用时应在底部先垫塑料布。这种装饰方式除了按照插花方式选定高、中、低植株形态，并考虑根系具有相似性外，叶形、叶色的选择也很重要。同时，这种装饰最好有其他装饰物（如岩石、枯木、民俗品、陶制玩具或动物等）来衬托，以提高其艺术价值。若为小孩房间，可添置小孩所喜欢的装饰物；年轻人则可选用新潮或有趣的物品装饰。总之，可依年龄的不同作不同的选择（图5-65、图5-66）。

图5-60　攀附式植物

图5-61　迷你玻璃花钵

图5-62　不同材质的迷你花钵

图5-63　迷你玻璃花房

图5-64　迷你塑料花房

图5-65　庭院中的园椅

图5-66　迷你庭院

图5-67　咖啡店入口的罗汉松

图5-68　建筑入口的植物

## 5.3　室内主要场所的植物造景

室内植物造景的主要场所，主要分为室内公共空间场所和家居空间场所。而室内公共空间场所包括教育文化空间，如学校、文化馆、展览馆、科技馆等；餐饮娱乐空间，如餐厅、酒店、咖啡馆、KTV、网吧、健身房、美容院等；商业空间，如商场、专卖店、橱窗等；办公空间，如办公室、会议室等；观演空间，如电影院、影剧院等。室内家居空间按照户型结构分为别墅、洋房、公寓等多种形式。下面主要从室内家居空间的植物造景场所来分类阐述。

（1）入口的植物造景

公共建筑的入口及门厅是人们必经之处，逗留时间短，交通量大。其植物景观应具有简洁鲜明的欢迎气氛，可选用较大型、姿态挺拔、叶片直上，不阻挡人们出入视线的盆栽植物，如棕榈、椰子、棕竹、苏铁、南洋杉等；也可用色彩艳丽、明快的盆花，盆器宜厚重、朴实，与入口体量相称，并可在突出的门廊上沿柱种植木香、凌霄等藤本观花植物。室内各入口一般光线较暗，场地较窄，宜选用修长耐阴的植物，如棕竹、旱伞草等，给人以线条活泼和明朗的感觉（图5-67、图5-68）。

（2）大门及玄关的植物造景

大门是进入空间的主要视觉集中点，因此在绿色植物的布置上应多予注意。棕竹、苏铁、南洋杉等造型舒展的植物是不错的选择。大门植物布置应考虑风水，一般讲究吉利。大门若对楼梯，可选用剑叶红、鱼尾葵、棕竹等摆放在适宜位置。

玄关是人们进到室内后产生第一印象的地区，因此摆放的室内植物占有重要的作用。大型植物加照明、有型有款的树木及盛开的兰花盆栽组合等设计，都适用于玄关。另外，玄关与客厅之间可以考虑摆设同种类的植物，以便连接这两个空间。摆在玄关的植物宜以观叶的常绿植物为主，例如铁树、发财树、黄金葛及赏叶榕等。而有刺的植物如仙人掌类及玫瑰、杜鹃等不宜放在玄关处，而且玄关植物必须保持常青，若有枯黄，就要尽快更换（图5-69）。

（3）起居室的植物造景

起居室是接待客人或家人聚会之处，讲究温馨的环境氛围。植物配置时应力求朴素、美观大方，不宜复杂，色彩要求尽量明快。可在客厅的角落及沙发旁放置大型的观叶植物，如南洋杉、垂叶榕、龟背竹、棕榈科等植物；也可利用花架来布置盆花，或垂吊或直上，如绿萝、吊兰、蟆叶秋海棠、四季秋海棠等，使客厅一角多姿多态、生机勃勃。角橱、茶几上可置小盆的盆花。

起居室为休息会客之用，通常要求营造轻松的气氛，但对不同性格者可有差异。对于喜欢宁静者，只需少许观叶植物，体态宜轻盈、纤细，如吊兰、文竹、波士顿蕨、茸茸椰子等。选择应时花卉不宜花色鲜艳，可用兰花、彩叶草、球兰、万年青、旱伞草、仙客来等，或配以插花。橱顶、墙上配以垂吊植物，可增添室内装饰空间画面，使其更具立体感，又不占空间，常用吊竹梅、白粉藤类、蕨类、常春藤、绿萝等植物。如适当配上字画或壁画，环境则更为素雅（图5-70）。

（4）厨房的植物造景

厨房的环境湿度对大部分的植物都非常适合。此外，一般家庭的厨房多采用白色或浅色装潢以及不锈钢水槽，色彩丰富的植物可以柔化硬朗的线条，为厨房注入一股生气。

一般来讲，建筑内的厨房是环境条件最差的，温度最高，空气中含油烟，空气湿度不稳定，所以，一般用抗污性强的植物，如吊兰、吊竹梅等吊挂类植物。

通常，窗户较少的朝北房间用些盆栽装饰可消除寒冷感，由于阳光少，应选择喜阴的植物，如广东万年青和星点木之类。厨房是操作频繁、物品零碎的工作间，油烟含量和温度都较高，因此不宜放大型盆栽，而吊挂盆栽则较为合适。其中以吊兰为佳，可将室内的一氧化碳、二氧化碳、二氧化硫、氮氧化物等有害气体吸收，起到净化空气的作用（图5-71）。

（5）餐厅的植物造景

餐厅是家人或宾客用膳或聚会的场所，装饰时应以甜美、洁净为主题，可以适当摆放色彩明快的室内观叶植物。同时充分考虑节约面积，以立体装饰为主，原则上是所选植物株型要小。如在多层的花架上陈列几个小巧玲珑、碧绿青翠的室内观叶植物（如观赏凤梨、豆瓣绿、龟背竹、百合草、孔雀竹芋、文竹、冷水花等均可），也可在墙角摆设一些轮廓分明的室内观叶植物，如黄金葛、马拉巴栗、荷兰铁等，这样可使人精神振奋、增加食欲（图5-72）。

（6）书房的植物造景

作为研读、著述的书房，应创造清静雅致的气氛，以利聚精会神钻研攻读。室内布置宜简洁大方，用棕榈科等观叶植物较好。书架上可置藤蔓植物，案头上放置凤尾竹等小型观叶植物，外套竹制容器，可增书房雅致气氛（图5-73）。

（7）卧室的植物造景

卧室可选非洲紫罗兰等作装饰，角隅可布置巴

图5-69　大门的植物

图5-70　起居室的植物

图5-71　厨房的植物布置

图5-72　餐厅的植物

图5-73　书房的植物

图5-74　卧室的植物

图5-75　卫生间的植物布置

图5-76　卫生间植物

图5-77　电梯处植物布置

西铁树、袖珍椰子等。对性格活泼开朗，充满青春活力者，除观叶植物外，还可增加些花色艳丽的火鹤花、天竺葵、仙客来等盆花，但不宜选择大型或浓香的植物。儿童居室要特别注意安全性，以小型观叶植物为主，并可根据儿童好奇心强的特点，选择一些有趣的植物，如三色堇、蒲包花、变叶木、捕虫草、含羞草等，再配上有一定动物造型的容器，既利于启迪儿童思维，又可使环境增添欢乐的气氛（图5-74）。

（8）卫生间的植物造景

由于卫生间湿气大、冷暖温差大，养植有耐湿性的观赏绿色植物，可以吸纳污气，因此适合使用蕨类植物、垂榕、黄金葛等。当然如果卫生间既宽敞又明亮且有空调的话，则可以培植观叶凤梨、竹芋、蕙兰等较艳丽的植物，把卫生间装点得如同迷你花园，让人乐在其中（图5-75、图5-76）。

（9）楼梯间的植物造景

建筑楼梯常形成阴暗、不舒服的死角。配置植物既可遮住死角，又可起到美化效果。一些大型宾馆、饭店，为提高环境质量，对楼梯部位的植物配置极为重视。在较宽的楼梯，可每隔数级置一盆花或观叶植物；在宽阔的转角平台上，可配置一些较大型的植物，如橡皮树、龟背竹、龙血树、棕竹等。挟手的栏杆也可用蔓性的常春藤、薜荔、喜林芋、菱叶白粉藤等，任其缠绕，使周围环境的自然气氛倍增（图5-77、图5-78）。

（10）阳台的植物造景

由于阳台较为空旷，日光照射充足，因此适合种植各种各样色彩鲜艳的花卉和常绿植物，还可以采用悬挂吊盆、栏杆摆放开花植物、靠墙放观赏盆栽的组合形式来装点阳台。适宜种植在阳台的植物很多，如万年青、金钱树、铁树、棕竹、橡胶树、发财树、摇钱树等（图5-79、图5-80）。

室内家居空间的植物造景场所除了以上十个部分，还有休闲厅、娱乐间、储藏室等空间的植物造景设计，这里就不一一赘述。

## 5.4 室内植物栽培及养护管理

### 5.4.1 室内植物的"光适应"

室内光照低，植物突然由高光照移入低光照下生长，常因不能适应导致死亡。故在移入室内之前，先进行一段时间的"光适应"，置于比原来光照略低，但高于将来室内的生长环境中。这段时间植物由于光照低，受到的生理压力会引起光合速率降低，利用体内贮存物质。同时，通过努力增加叶绿素含量、调整叶绿体的排列、降低呼吸速率等变化来提高对低光照的利用率。适应顺利者，叶绿素增加了，叶绿体基本进行了重新排列。可能掉了不少老叶，而产生了一些新叶，植株可以存活下来。

一些耐阴的木本植物，如垂叶榕需在全日照下培育，以获得健壮的树体，但在移入室内之前，必须先在比原来光照较低处得以适应，以后移到室内环境后，仍将进一步加深适应，直至每一片叶子都在新的生长环境条件下产生后才算完成。

植物对低光照条件的适应程度与时间长短及本身体量、年龄有关，也受到施肥、温度等外部因素的影响，通常需6周至6个月，甚至更长时间。大型的垂叶榕至少要3个月，而小型盆栽植物所需的时间则短得多。

图5-78　楼梯间植物布置

图5-79　生活阳台植物

图5-80　阳台植物

正确的营养对帮助植物适应低光照环境是很重要的。一般情况下，当植物处于光适应阶段，应减少施肥量。温度的升高会引起呼吸率和光补偿点的升高，因此，在移入室内前，低温栽培环境对光适应来讲较为理想。有些植物虽然对光量需求不大，但由于生长环境光线太低，生长不良，需要适时将它们重新放回到高光照下去复壮。由于植株在低光照下产生的叶片已适应了低光照的环境，若光照突然过强，叶片会产生灼伤、变褐等严重伤害。因此，最好将它们移入比原先生长环境高不到5倍的光强下适应生长。

### 5.4.2 栽培容器及栽培方式

（1）栽培容器

室内植物绿化所用的材料，除直接地栽外，绝大部分植于各式的盆、钵、箱、盒、篮、槽等容器中。容器的外形、色彩、质地各异，常成为室内陈设艺术的一部分。容器首先要满足植物的生长要求，有足够体量容纳根系正常的生长发育，还要有良好的透气性和排水性，坚固耐用。固定的容器要在建筑施工期间安排好排水系统。移动的容器，常垫以托盘，以免玷污室内地面。容器的外形、体量、色彩、质感应与所栽植物协调，不宜对比强烈或喧宾夺主，同时要与墙面、地面、家具、天花板等装潢陈设相协调。

容器的材料有黏土、木、藤、竹、陶质、石质、砖、水泥、塑料、玻璃纤维及金属等。黏土容器保水透气性好，外观简朴，易与植物搭配，但在装饰气氛浓厚处不相宜，需在外面套以其他材料的容器。木、藤、竹等天然材料制作的容器，取材普通，具朴实自然之趣，易于灵活布置，但坚固、耐久性较差。陶制容器具有多种样式，色彩吸引人，装饰性强，目前仍应用较广，但质量大、易打碎。石、砖、混凝土等容器表面质感坚硬、粗糙，不同的砌筑形式会产生质感上有趣的变化，因质量大，设计时常与建筑部件结合考虑而做成固定容器，其造型应与室内平面和空间构图统一构思，如可以与墙面、柱面、台阶、栏杆、隔断、座椅、雕塑等结合。塑料及玻璃纤维容器轻便，色彩、样式很多，还可仿制多种质感，但透气性差。金属容器光滑、明亮，装饰性强、轮廓简洁，多套在栽植盆外，适用于现代感强的空间。

（2）栽培方式

①土培。主要用园土、泥炭土、腐叶土、沙等混合成轻松、肥沃的盆土。香港优质盆土的配制比例是黏土：泥炭土：沙：蛭石=1：2：1：1。每盆栽植一种植物，便于管理。如果在一大栽植盆中栽植多种植物形成组合栽植则管理较为复杂，但观赏效果大大提高。组合栽植要选择对光照、温度、水分湿度要求差别较小的植物种类配置在一起，高低错落，各展其姿，也可在其中插以水管，插上几朵应时花卉，如可将孔雀木、吊竹梅、紫叶秋海棠、变叶木、银边常春藤、白斑亮丝草等配置在一起。

②介质培和水培。以泥土为基质的盆栽虽历史悠久，但因卫生差，作为室内栽培方式已不太相宜，尤其是不宜用于病房，以免土中某些真菌有损病人体质，但介质培和水培就可克服此缺点。作为其介质的材料有陶砾、珍珠岩，蛭石、浮石、锯末、花生壳、泥炭、沙等。常用的比例是泥炭：珍珠岩：沙=2：2：1；泥炭：浮石：沙=2：2：1；泥炭：沙=1：1；泥炭：沙=3：1等。加入营养液后，可给植物提供氧、水、养分及对根部具有固定和支持作用。适宜作为无土栽培的植物，常见的有鸭脚木、八角金盘、熊掌木、散尾葵、金山葵、袖珍椰子、龙血树类、垂叶榕、橡皮树、南洋杉、变叶木、龟背竹、绿萝、铁线蕨、肾蕨、巢蕨、朱蕉、海芋、洋常春藤、孔雀木等。

③附生栽培。热带地区，尤其是雨林中有众多的附生植物，它们不需泥土，常附生在其他植株、朽木上。附生栽培是利用被附生植株上的植物纤维或本身基部枯死的根、叶等植物体作附生的基质。附生植物景观非常美丽，常为展览温室中重点景观的主要栽培方式。作为附生栽培的支持物可用树蕨、朽木、棕榈干、木板甚至岩石、篮等，附生的介质可采用蕨类的根、水苔、木屑、树皮、椰子或棕榈的叶鞘纤维、椰壳纤维等。将植物根部包上介质，再捆扎，附在支持物上。日常管理中要注意喷水，提高空气湿度即可。常见的附生栽培植物有兰科植物、凤梨科植物，蕨类植物中的铁线蕨、水龙骨属、鹿角蕨、骨补碎属、肾蕨、巢蕨等。

④瓶栽。需要高温高湿的小型植物可采用此种栽培方式。利用无色透明的广口瓶等玻璃器皿，选择

植株矮小、生长缓慢的植物如虎耳草、豆瓣绿、网纹草、冷水花、吊兰及仙人掌类植物等植于瓶内，配置得当，饶有趣味。瓶栽植物可置于案头，也可悬吊。

### 5.4.3 室内植物的养护管理

室内植物的养护管理主要有浇水、施肥与清洁等环节。

室内植物由于光照低，生理活动较缓慢，浇水量大大低于室外植物，故宁可少浇水，不可浇过量。一般每3~7天浇水一次，春、夏生长季适当多浇。目前很多国家室内栽培采用介质培和水培，容器都各有半自动浇灌系统，植物所需的养分也从液体肥料中获得。容器底层设有水箱，一边有注水孔，另一边有水位指示器显示最高水位及最低水位。容器中填充的介质利用毛细管作用或纱布条渗水作用将容器底部的水和液体肥料吸收到植株的根部。

对室内植物施肥前，通常先浇水使盆土潮湿，然后用液体肥料来施肥。观叶和夏季开花的植物在夏季和初秋施肥；冬季开花的植物在秋末和春季施肥。

用温水定时、细心地擦洗大的叶片，叶面会更加光洁美丽，清除尘埃后的叶面也可更多地利用二氧化碳。对于叶片小的室内植物，定期喷水也会起到同样效果。

---

### | 知识点 |

1.室内环境的特点。
2.室内植物选择应考虑的因素。
3.举例说明室内常用的植物及其特性。
4.室内植物选择的基本原则。
5.室内植物造景的配置形式。
6.室内植物造景的场所。
7.室内植物的"光适应"。
8.室内植物的栽培容器。
9.室内植物的栽培方式。
10.室内植物的养护管理。

### | 思考题 |

1.室内生态环境对植物生长存在哪些不利的因素？
2.如何根据不同的室内空间进行植物选择及设计？

### | 作业 |

从教材中或从其他途径找出十种以上的室内植物造景图片并进行分析。要求做成PPT文件，并上台讲解。

### | 拓展阅读 |

1.http://www.ylstudy.com/thread-19747-1-1.html 园林学习网：园林植物/养护管理/室内植物的配置

2.http://www.chla.com.cn/htm/2011/0721/90851.html 中国风景园林网：植物/园林绿化植物造景/园林绿化

3.http://www.tofree.com.cn/十上&云想衣裳室内设计工作室

# 6 特殊环境的植物造景设计

★目的要求

掌握特殊环境的概念、分类和特点，了解几种特殊的自然、地理、气候环境下适合的植物种类及其设计、养护管理等知识，熟悉几种特殊主题空间环境的植物造景应注意的事项。

所谓特殊环境，是与大气、水、土地、森林、矿产、草原、海洋、野生动植物等一般环境要素相对而言，指在科学、美学、历史、文化、教育、保健、旅游、经济等方面具有特殊价值的自然区域或自然环境物体，以及与自然环境融为一体的人文环境，如具有电行星生态系统的区域综合体、珍稀濒危动植物的栖息地、风景名胜、珍稀动植物种、奇特的自然景观、各种自然历史遗迹等。特殊环境是在漫长的岁月中和特定的自然条件下演变而成，是自然界和社会历史留给人类的宝贵遗产，是无价之宝，各国都对其进行保护。本章所指的特殊环境是从自然地理和主题内容方面来分的。

人们生活、工作、娱乐的环境是各种各样的，有的舒适，有的恶劣，这主要是从地理、气候等要素来分的自然环境。而自然界的生物也有其各种生存环境，有的是水湿环境，有的是干旱的环境，有的土壤中含有较多的盐碱等。而平时我们很少见到的环境，如盲人花园、废弃地景观等主要是从不同的主题来分的环境景观。本章先主要从地理、气候环境等要素方面来阐述水环境、湿地环境、干旱环境、盐碱土环境中的园林植物类型及造景设计作粗浅的阐述。而后从不同主题分类方面介绍屋顶花园、盲人花园、废弃地景观等环境中的植物造景设计。

## 6.1 常见特殊地理环境的植物造景设计

### 6.1.1 水环境中的植物造景设计

（1）水体岸边植物造景设计

水体岸边常设有规则式驳岸或自然式驳岸。规则式石驳岸比较生硬，园林植物造景设计应选用些花灌木和藤本植物，如迎春花、云南素馨、地锦、薛荔等，用它们细长下垂的枝条遮挡石驳岸的丑陋部分，使其成为生动活泼的对景。自然的水体岸具有高低起伏的地形，可种植垂柳或竹丛等园林植物，那些倾向水面的枝和干即是收取远处景色的画框，形成一幅幅自然的画面，更加丰富了水面景观层次。当然，在自然水体岸边不宜设计成片的密林，避免等距离种植修剪整树木，以免阻挡人们观景视线。在树丛之间应留出透景线，引导游客自然地步向水边欣赏开阔的水景及水体对岸的景观。同时，配以花灌木和藤本植物，如鸢尾、黄菖蒲、地锦等来进行局部遮挡，以增加活泼气氛。在水体岸边应结合地形的变化，设计具有高低起伏、疏密相间、弯曲自然的岸边园林植物景观，与水体中成片的水生植物、水面的花坛、碧草、绿叶协调一致。在水体岸边采用落羽松、水松、柳树、池杉、水杉、水曲柳、桑树、柽柳、小叶榕树等耐水湿的树木，既可以丰富水面景观的层次，又创造了休闲遮阳的空间，也是游人划船等水上活动的优雅背景。它们的枝条探向水面，或平伸，或斜展，或拱曲，在水面上形成统一协调的景观构图。

再如平直的水面与岸边竖向的钻天杨、水杉、池杉等可形成强烈的虚实对比。在岸边还可以采用落新妇、水仙、雪钟花、绵枣儿、报春、蓼、天南星、鸢尾、毛茛等宿根或球根花卉植物，设计出颇具自然之趣的景观。

水体岸边的植物造景设计还应掌握季相的变化，例如早春配置落羽松，它的嫩绿色枝叶像一片绿色屏障；又如红花十姊妹、杜鹃、山茶、南迎春、菖蒲、含笑等，有的呈红棕色，也有的呈嫩绿、黄绿等，丰富了水中春季色彩，形成倒影清晰、活泼醒目的景观；夏季可配置合欢、枫香、荷花等；秋季配置桂花、红枫、鸡爪槭、木芙蓉、乌桕、蒲棒、芦花等耐水湿植物，可增添红、黄、紫等色彩；冬季配置黑松、马尾松、湿地松、杜英、水竹等，则具有四季常青的景色（图6.1、图6.2）。

（2）水中园林植物造景设计

水面往往就像一块明镜，平静的水面是一幅清晰的画面，俯视过去不时会有蓝天和白云飘荡而过。水面的植物景观是低于人们的水平视线

图6-1　云南昆明翠湖公园中的规则式水体岸边的植物造景

图6-2　昆明世博园中粤晖园的自然式水体驳岸的植物造景

的，岸边优美植物景观可映成水中的倒影，加上粼粼波光，是最适宜游人观赏的景观。如在岸边草坪的基础上配置树丛，设计色叶的乔木及竹丛，这样就会产生具有四季变化的园林植物景观及倒影。在较大面积的水中可采用池杉落羽杉、河柳等乔木树种设计水上森林景观，水上游人入境则具有特殊森林感受。

在浅水中利用芦苇、荸荠、慈姑、鸢尾、水葱等沼生草本植物可以创造水边低矮的植被景观。有微波的水面又是一幅波动的画面，再有远山、大树和亭台、楼阁、榭搭配，即可形成一幅幅美丽的山水画面。还可选用黄菖蒲、菖蒲、芦苇之类设计带状挺水植物景观，丛生而挺拔，以充当背景。再选用湿生植物慈姑、杏菜、浮萍、槐叶萍高低错落布置，能引导游人去水边赏景、亲水、戏水，使人感到水池空间更为自然、宁静、古朴。在水底设计眼子菜、玻璃藻、黑藻等则可形成野趣植物景观。利用水藻等植物的特性，将其根栽于水池的泥土中，其茎和叶在水中生长，如此便设计出沉水植物景观。在清澈见底的小水池中设计几缸或几盆水藻，再养几条观赏红鱼，更显得生动活泼，别有情趣（图6-3～图6-6）。

（3）水面植物造景设计

利用水体中的荷花、睡莲、玉蝉花等浮叶水生植物的根茎生在水池的泥土中，而叶又浮在水面上的特点，可进行水面植物造景设计。为了保证水面植物景观有疏有密，又不影响水体岸边其他景物倒景的观赏，水面植物景观不宜做满池和环水体一周的设计，一般以保证1/3～1/2水面即可，常采用水面绿岛和水面花坛的形式进行设计。

①水面绿岛。在水中设计漂浮的绿岛，水面稍有升降，它便保持漂浮的特色，别有一番情趣。为此，必须在水体中设置种植台、池或缸，种植池高度要低于水面，其深度根据植物种类而定。如荷花叶柄较长，其种植池以低于水面60～120 cm为宜；睡莲的叶柄较短，其种植池可低于水面30～60 cm；玉蝉花叶柄更短，其种植池低于水面15 cm即可。如用种植缸、盆则可机动灵活地在水

图6-3　湿地公园水边的墨西哥落羽杉、再力花及纸伞草等　　图6-4　公园水中的水葱和岸边的兰花楹及大叶柳　　图6-5　水植物以及岸边的竹丛背景

图6-6　公园水中的鲤鱼　　　　　　　　　　　图6-7　水面绿岛

图6-8　水面绿岛用的花叶芦竹　　　　　　　　图6-9　水面绿岛用的风车草

中移动，创造一定画面的水面绿岛，体现"接天莲叶无穷碧，映日荷花别样红"的意境。当朵朵莲蓬挺立水面时，又是一番水面庄稼的丰硕景象。

②水面花坛。在水面上设计可调控的彩色漂浮的图案外框，其中放入漂浮类植物如凤眼莲、菱、水鳖、满江红、槐叶萍等，开花季节可创造水上花坛，各种花挺立水面，犹如一幅优美的水面图画。利用满江红、浮萍、槐叶萍、凤眼莲等具有繁殖快、全株都漂浮在水面之上的特点，景观设计可不受水深的影响。为了净化有污染的水体，可在水面配置抗污染能力强的凤眼莲、水浮莲以及浮萍等，布满水面，隔臭防污，使水面形成一片绿毯或花池。

自然的水面绿岛和水面花坛等水上景观还可改变水体形状大小，使水体曲折有序、疏密相间、断续、进退，形成有节奏的、富有季相变化的连续构图（图6-7～图6-9）。

（4）堤、岛植物造景设计

水体中设置堤、岛是划分水面空间的主要手段。而堤、岛上的植物造景设计，不仅增添了水面空间的层次，还丰富了水面空间的色彩，形成的倒影成为独特的虚实景观。

①堤。堤在园林中虽不多见，但杭州的苏堤、白堤，北京颐和园的西堤，广州流花湖公园及南宁南湖公园都有长短不同的堤。堤常与桥相连，故也是重要的游览路线之一。苏堤、白堤除桃红柳绿、碧草的景色外，各桥头植物景观各异。苏堤上还设置有花坛。北京颐和园西堤以杨、柳为主，玉带桥以浓郁的树林为背景，更衬出桥身洁白。又如扬州瘦西湖堤桥两边浓绿的垂柳；广州刘花湖公园湖堤两旁，蒲葵的趋光性导致其朝向水面倾斜生长，极具动势，远处望去，游客往往疑为椰林。南湖公园堤上各处架桥，最佳的植物景观是在桥的两端很简洁地种植数株假槟榔，潇洒秀丽，水中三孔桥与假槟榔的倒影清晰可见（图6-10～图6-12）。

②岛。岛的类型众多，大小各异。有可游的半岛及湖中岛，也有仅供远眺、观赏的湖中岛。前者在植物造景设计时还要考虑导游路线，不能有碍交通；如不考虑导游，则植物景观密度较大，且要求四面皆有景可赏。

北京北海公园琼华岛面积为5.9 hm²，孤悬水面东南隅。古人以"堆云""积翠"来概括琼华岛的景色。其中，"积翠"就是形容岛上青翠欲滴的古松柏犹如珠玑翡翠的汇积。全岛植物种类丰富，环岛以柳为主，间植刺槐、侧柏、合欢、紫藤等植物。四季常青的松柏不但将岛上的亭、台、楼、阁掩映其间，并以浓重的色彩烘托出岛顶白塔的洁白。

杭州三潭印月可谓是湖岛的绝例。全岛面积约7 hm²。岛内由东西、南北两条堤将岛划成田字形的四个水面空间。堤上植大叶柳、香樟、木芙蓉、紫藤、紫薇等乔灌木，疏密有致，高低有序，增加了湖岛的层次、景深，并丰富了林冠线，构成了整个西湖湖中有岛、岛中套湖的奇景。而这种虚实对比、交替变化的园林空间在巧妙的植物造景设计下，表现得淋漓尽致。综观三潭印月这一庞大的湖岛，在比例上与西湖极为相称。公园中不乏小岛屿组成的园中景观。

北京什刹海的小岛上遍植柳树。长江以南各公园或动物园的水禽湖、天鹅湖中的岛上常植以池杉，林下遍种较耐阴的二月蓝、玉簪，岛边配置十姐妹等开花藤灌，探向水面，浅水中种植黄花鸢尾、千屈菜等，既供游客赏景，也是水禽良好的栖息地。

英国的邱园及屈来斯哥教堂花园中的湖岛，突出杜鹃，盛开时湖中倒影一片鲜红，白天鹅自由自在地游戏在湖中，非常自然。也有有意粗放管理，使岛上植物群落极具野趣（图6-13～图6-16）。

（5）水环境中的植物选择

在园林的水体环境中常设计水生植物景观来美化水体，净化水质，减少水分的蒸发，吸收酚、吡啶、苯胺，杀死大肠杆菌等，清除污染，提高水质。如水葱、水葫芦、田蓟、水生薄荷、芦苇、泽泻等，可以吸收水中有机化合物，降低生化需氧量。有些水生植物还可供人们食用或作牲畜饲料。

在水中能够长期正常生活，并能开花、结果繁殖后代的植物，都可以用在水环境里创造园林植物景观。这类植物的特点是叶子柔软而透明，能最大限度地得到水里的光照和吸收水里的二氧化碳，保证光合作用的进行。而且植物体内通气组织发达，能借以增加浮力，维持身体平衡。常见的适宜在水中生长的植物有以下几类：

①挺水类植物。如菖蒲、水葱、香蒲、芦苇、千屈菜、水生鸢尾、慈姑、泽泻、梭鱼草、灯心草、鱼腥草等。它们的特点是茎、叶挺出水面，植株挺拔，有明显的茎、叶之分，下部的根茎伸入水下泥中，根系中具有发达的通气组织，它们适宜在岸边的浅水处生长（图6-17、图6-18）。

②浮叶类植物。如荷花、睡莲、王莲、芡实、萍蓬草、水罂粟等。它们的茎纤弱，不能直立，根状茎发达，生于水底的泥中，叶和花漂浮于水面，常在浅水环境里生长（图6-19）。

③漂浮类植物。如凤眼莲、菱大漂、水鳖、满江红、水浮莲、槐叶萍等。它们全株直接漂浮在水面上，适用于水面漂浮的园林植物景观（图6-20）。

④沉水类植物。如金鱼藻、菹草、浮叶眼子

图6-10　杭州西湖堤上的植物草坪

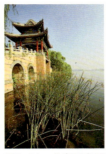
图6-11　北京颐和园中西堤的桥

图6-12　南宁南湖公园中的堤岛景观

图6-13　昆明大观园中的岛上景观

图6-14　重庆园博园中的岛上景观

图6-15　北京琼华岛

图6-16　杭州西湖的岛上景观

图6-17　挺水植物花菖蒲

图6-18　挺水植物梭鱼草

图6-19　浮叶植物睡莲

图6-20　漂浮类植物大漂

图6-21　沉水植物虎尾草

图6-22　湿地公园中的岸边池杉等植物

图6-23　湿地公园的小乔木

图6-24　湿地公园的植物

菜、角果藻、黑藻、苦草、菹草、狐尾藻等。它们植株可全部沉入水中，供观赏用(图6-21)。

## 6.1.2 湿地环境的植物造景设计

生长在潮湿环境中的植物的特点是根系不发达，叶片中的机械组织也不发达，适宜在潮湿的环境生长，但抗旱能力差。

阴生湿地植物造景设计，是在阴湿的环境里选用蕨类、附生兰科植物、万年青等阴生湿生植物进行设计。因为它们叶片中的机械组织及根系不发达，蒸腾作用也弱，容易保持水分，所以它们可以用于在光照弱、空气湿度大的树林下的景观设计，也可用作室内景观设计或者室内盆栽植物造景设计。

阳生湿地植物造景设计，是在阳光充足的湿地环境里可选用莎草科、蓼科和十字花科植物进行景观设计。它们生活在阳光充足、土壤水分饱和的沼泽地区，虽然根系不发达，没有根毛，但是根与茎之间具有通气的组织，能保证取得充足的氧气。此外，它们的叶片上常有防止蒸腾的角质层，输导组织也较发达，能适应阳光直接照射的湿地环境（图6-22～图6-26）。

（1）适宜水体岸边生长的湿地植物

适宜水体岸边生长的湿地植物有黑松、金松、云杉、花柏、桧柏、大果柏、水松、落羽松、湿地松、池杉、水杉、金钱松、蒲桃、小叶榕、高山榕、水翁、水石榕、羊蹄甲、木麻黄、椰子、蒲葵、池杉、红杉、大叶柳、垂柳、旱柳、杞柳、水

冬瓜、乌桕、苦楝、悬铃木、枫香、枫杨、三角枫、重阳木、柿、榔榆、榉树、稠梨、桑树、拓树、白蜡、海棠、香樟、棕榈、无患子、蔷薇、紫藤、南迎春、连翘、夹竹桃、丝棉木、木兰、椴树、钻天仔、七叶树、连香树、卫矛、鸡爪槭、槭、银杏、花楸、北美唐棣、紫叶山毛榉、刺槐、紫叶小檗、接骨木、四照花、杜鹃、石南、吊钟花、花楸、八仙花、唐棣、山楂等。

（2）适宜常年地下水位埋深0.5 m以下的湿地植物

适宜常年地下水位埋深0.5 m以下的湿地植物有乌桕、河柳、垂柳、金丝垂柳、旱柳、杞柳、无患子、榔榆、枫杨、江南桤木、赤杨、水杨梅、滇竹、桂竹、紫穗槐、白蜡树、千头柏、池杉、落羽杉、中山杉、墨西哥落羽杉、银鹊树、柽柳等。

（3）适宜地下水位埋深1 m以下的湿地植物

适宜地下水位埋深1 m以下的湿地植物有日本柳杉、水杉、榉树、薄壳核桃、枸橘、女贞、枸杞、日本珊瑚树、洒金桃叶珊瑚、山茱萸、红瑞木、楝木、意杨等。它们都具备一定耐水湿的能力，可规划设计在水体岸边。

## 6.1.3 干旱环境的植物造景设计

干旱环境园林植物即是在干旱地区能保持体内水分以维持生存的植物。由于它生长在缺水和强烈光照条件下，所以植株粗壮矮小，植株地上气生部分发育出种种防止失水的结构，而地下根系则深入

图6-25　湿地公园中的阴生植物

图6-26　湿地公园的阳生植物

土层深处，或者形成储水的地下器官。另外，茎干上的叶子变小甚至丧失，幼枝或幼茎的皮层细胞或其他组织中具有丰富的叶绿体，具有叶的功能，能进行光合作用。

耐干旱、瘠薄的植物主要有侧柏、铅笔柏、圆柏、刺槐、槐树、楝树、榆树、枣、酸枣、云实、栾树、柽柳、旱柳、栓皮栎、白栎、槲树、构树、锦鸡儿、雪柳、小叶女贞、黄荆、羟条、黄栌、火炬漆、豆梨、杏树、欧洲樱花、山楂、石榴、接骨木、火棘、山茱萸、美丽胡枝子、金银花、枸橘、紫穗槐、扁桃、文冠果黄连木、山合欢、臭椿、桑、朴树、小叶朴、枸杞、木槿、沙枣、沙棘、栎类、凌霄、桉属等，它们主要分为以下三类：肉质旱生植物，硬叶和软叶旱生植物，小叶型和无叶型园林植物（图6-27~图6-30）。

（1）肉质旱生植物造景设计

肉质旱生植物景观是由肉质的叶和茎来表现的。肉质叶植物有大景天、龙舌兰、芦荟等；肉质茎的代表有仙人掌类植物。它们在形态上有表面积小、角质层厚、气孔凹陷、表皮的保水能力极强等特点。但它们也具有特殊的光合作用机制，夜间气孔开放，白昼有光时反而紧闭。它们可在沙质干旱的环境或在室内沙质花坛中作为绿色景观供人们欣赏，也可在夜间给主人提供新鲜的氧气。

（2）硬叶和软叶旱生植物造景设计

硬叶和软叶旱生植物的特点是根系庞大，吸水多，如欧洲赤松、夹竹桃、针茅等。在同样的环境中，植物的叶因干旱而关闭气孔时，它们却继续开放气孔进行光合作用，并促进水分吸收。它们适于干旱的山地或道路旁的景观设计。

另外，软叶植物虽然叶片有程度不等的旱生结构，但较柔软，如旋花属的园林植物。它们在干旱的季节里可以用落叶形式来适应干旱的环境，一旦土壤有了湿度它就能重新生长形成景观，可用于缺水环境里的植物造景设计。

（3）小叶型和无叶型园林植物造景设计

小叶型和无叶型园林植物如沙拐枣、麻黄属、欧洲赤松等。它们的抗旱能力最强，即使是在干旱

图6-27　耐旱植物金边龙舌兰

图6-28　耐旱植物针茅

图6-29　耐旱植物常绿大戟

图6-30 耐旱植物仙人掌

荒漠地区也能生长。它们的叶片极小，甚至完全退化，从而利用绿色茎进行光合作用。它们一般用来设计沙漠地区的绿色景观。

## 6.1.4 盐碱土环境的植物造景设计

盐碱对植物造成的主要伤害表现在以下两个方面：一是细胞质中金属离子(主要是$Na^+$)的大量积累，它会破坏细胞内离子平衡并抑制细胞内生理生化代谢过程，使植物光合作用能力下降，最终因碳饥饿而死亡；二是盐碱土壤是一个高渗环境，能阻止植物根系吸收水分，从而使植物因"干旱"而死亡。同时盐碱土壤pH值较高，这使得植物体与外界环境酸碱失衡，进而破坏细胞膜的结构，造成细胞内溶物外渗而使植物死亡。因此，受盐碱胁迫的植物一方面要降低细胞质中离子积累，另一方面还通过积累过程产生某些特殊的产物，如蛋白质、氨基酸、糖类等来增强细胞的渗透压，阻止细胞失水，稳定质膜及酶类的结构。

盐碱地地势低平、排水不畅，加之强烈蒸发，盐分不断积累于地表，水文、地质条件恶化。因此，在低洼盐碱地造林，要慎重选择树种。在盐碱土壤的环境里进行园林植物造景设计，要在选好耐盐碱的园林植物的基础上做好地形处理，根据现有地形的现况做好排水系统，因地制宜地处理成高低起伏的地形，这样就可以利用自然的雨水不断地冲刷降低土壤的盐碱度，为园林植物生长打下良好的基础。

在地形较高处，可以选用一般耐盐碱的植物，如柽柳、胡杨、沙枣、木麻黄、紫穗槐、皂角、刺槐、槐树、枸杞、石榴、柳树、白蜡树、杜仲、银杏、香椿、加拿大杨、小叶杨、榆树、皂角、枫杨、乌桕、臭椿、杜梨、枣、桃、杏、桑、侧柏、黄连木、梓、泡桐、榉树、君迁子等设计各种植物景观。

在地形较低处，可选用耐盐碱性强的柽柳、胡颓子、胡杨、沙枣芦苇等设计植物景观。在低湿海潮区盐碱度较高的地方，可选用耐盐碱性更强的植物，如红树、秋茄树、红茄苳、海莲、盐角草、盐蓬、艾蒿等，设计出具有高低起伏生长良好的园林植物景观。

能在盐碱地上生长的主要植物有：石楠、楸树、重阳木、杜梨、构树、臭椿、绒毛白蜡、碱蓬、千头椿、中国白蜡、旱柳、馒头柳、榆树、栾树、泡桐、刺槐、桂香柳、枣树、桑树、皂荚、丝绵木、合欢、杜仲、君迁子、盐肤木、火炬树、山桃、新疆杨、桧柏、龙柏、柽柳、紫穗槐、金雀梅、锦鸡儿、多花蔷薇、金银木、白刺花、木槿、石榴、胡枝子、接骨木、月季、西府海棠、金叶女贞、小蜡、小叶女贞、紫丁香、白丁香、华北香薷、海州常山、碧桃、榆叶梅、黄刺玫、珍珠梅、锦带花、紫叶小檗、红叶李、胶东卫矛、砂地柏、剑麻、大叶黄杨、五叶地锦、鸡矢藤、爬山虎、美国凌霄、金银花、山荞麦。下面选择常见的植物进行分类说明。

（1）耐盐碱土乔木

①刺槐：可直接固定氮素，是沙碱地造林的先锋树种，但不宜在排水不良的低洼地种植。

②垂柳：喜生活在湿地和水边，中度耐盐碱，可作盐碱地重要防护林树种。

③旱柳：是沙碱地速生树种之一，耐水湿，适宜在轻度硫酸盐土地上生长。在涝碱相随地区的河渠两侧及盐碱洼地可种植，宜作为先锋树种及薪炭林，亦是农田防护林的良好树种。

④臭椿：生长迅速，为盐碱地初期造林的先锋树种，并可护岸防风，可在渠道两侧及地势较高处的道路两侧种植。

⑤苦楝：耐盐力仅次于刺槐，能在干燥瘠薄的

盐碱地上生长，虫害少、生长快、萌芽力强。

⑥毛白杨：在肥沃湿润的地方生长良好，在轻盐碱地也能正常生长，并能耐短期水淹，是适宜做速生丰产林、农田防护林以及四旁绿化的优良树种。

⑦杂交杨：如中林46杨、69杨等，在土壤含盐量0.5%、常年地下水位低于1 m、雨季有积水的情况下生长正常，为用材林、防护林、四旁绿化的良好速生树种。

⑧白榆：较耐盐碱，土壤含盐量不超过0.4%时生长良好，可做材林、农田防护林及四旁绿化的优良树种。

⑨桑树：耐盐、耐水性都很强，可在农田防护林两侧种植。

⑩梨树：为耐寒、耐涝、中度耐盐性果木树种之一，如用杜梨作为嫁接梨树的砧木，耐涝碱性更强，能在含盐量0.6%的土壤上生长。

⑪杏树：为最耐盐碱性果树之一。

⑫枣树：对土壤的要求不严，除沼泽地和重碱性土地外，均可栽培。它对土壤酸碱度的适应能力很强，对地下水位的高低也无严格要求，甚至在积水30～70 cm，历时30天的情况下生长仍无明显影响。

⑬沙枣：喜光，耐寒，喜干冷气候，对土壤适应性强，是西北沙荒、盐碱地地区护林及城镇绿化的主要树种，常作行道树，可植篱，也可与小叶杨等树种配置。

⑭泡桐：适宜沙碱地生长，主要作为农田防护林，但怕水淹，不耐湿（图6-31～图6-34）。

（2）耐盐碱土灌木

①紫穗槐：生长迅速，适应性强，可作盐碱沙地区防风林带中的低层林木，在土壤含盐量0.4%时生长良好。

②白蜡条：能在含盐量为0.2%～0.5%的低湿土壤上生长，可作四旁绿化树种及培育白蜡干，水淹多天仍能成活生长。

③柽柳：耐旱、耐瘠，高度耐盐碱，可防风、固沙、护岸，盐碱地地区各级渠道两侧及草木不生

的盐碱地皆可栽种。

④杞柳：落叶灌木，生长迅速，适应性强，耐轻度盐碱，可固沙护岸，适宜在轻度盐碱湿地、河滩碱地、平原坡地、沙碱荒地种植（图6-35）。

（3）耐盐碱土花草

沙蓬草也叫老鼠刺。三百多年来，这种看似不起眼的小草，一直是福建省晋江沿海一带防风固沙的一道屏障。这种沙蓬草既耐盐碱，又抗干旱，可以防风固沙（图6-36、图6-37）。

## 6.2 常见特殊主题环境的植物造景设计

本节介绍的几种特殊主题环境的植物造景设计是指相对于通常说的居住区、商业环境、公园等主题环境而言，人们很少参与或有特殊构造和生境条件的环境，主要包括屋顶花园、盲人花园、废弃地环境等。

### 6.2.1 屋顶花园植物造景设计

屋顶花园是指在一切建筑物、构筑物的顶部、天台、露台之上所进行的造园活动的总称。它是人们根据屋顶结构特点及屋顶上的生境条件，选择生态习性与之相适应的植物材料，通过一定的技术处理和艺术构思，从而达到丰富园林景观的一种形式。

目前公认的世界上最早的屋顶花园是公元前604年至公元前562年古巴比伦兴建的"空中花园"。其台地架立于石墙拱券之上，高大雄伟，台上种植花草及高大的乔木，并将河水引上台地，筑成溪流和瀑布……，被称为古代世界七大奇观之一。现代屋顶花园的发展始于1959年，美国加利福尼亚奥克兰市凯泽中心的六层办公大楼的楼顶上，建成了一个面积1.2 hm的美丽的空中花园。从此，屋顶花园便在许多国家相继出现，并日臻完美。如日本东京赤坂大型综合设施"阿克海姿"建筑群，屋顶建起了数千平方米的屋顶花园，乔灌木错落有致，假山流水别有风情，其景观犹如南国风光；韩国某酒店屋顶花园，利用低矮的彩叶植物，

图6-31 耐盐碱土乔木 图6-32 耐盐碱土乔木龙柏　　　　　　　　　图6-33 耐盐碱土乔木皂荚
黄连木

图6-34 耐盐碱土乔木白刺花　　　　图6-35 耐盐碱土灌木金叶女贞　　　　图6-36 耐盐碱土花草五叶地锦

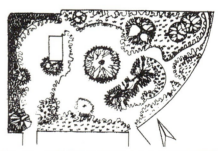

图6-37 耐盐碱土藤 图6-38 根据史料绘制的空中花园透视图　　　图6-39 美国奥克兰市凯泽中心办公楼屋顶花园
蔓植物凌霄花　　　　　　　　　　　　　　　　　　　　平面图

图6-40 某单位屋顶花园　　　　图6-41 某屋顶花园　　　　图6-42 某屋顶花园

按建筑物的自然曲线修剪成形，结合蓝色的园路铺装及块石点缀，塑造出一种海滨沙滩的意境。

我国从20世纪60年代以来也建造了不少屋顶花园，最早的如广州东方宾馆。但由于受资金、技术、材料等多种因素的影响，发展较为缓慢。近几年来随着社会的进步和经济实力的迅猛增长，有个别大城市的屋顶花园已初见成效，出现了一批较为著名的屋顶花园，如广州的中国大酒店、北京长城饭店、王府饭店、成都饭店、兰州市园林局办公楼、上海金桥大厦等建筑物上的屋顶花园。屋顶花园利用有限的建筑物顶层，创造出绿色空间，为居民提供了一个更具新意的活动空间，对于城市绿化具有极其重要的现实意义(图6-38～图6-46)。

（1）屋顶花园的功能

现代城市正不断向高密度、高层次、集约化发展，居民所需要的绿色空间日益被蚕食。因此，在现代城市绿化中不仅要注重地面绿化，还应探索发掘城市空间的绿化，即在城市横向土地的使用和纵向可能的空间领域尽量发展绿色植物，拓展绿量空间，扩大城市多维的自然因素。屋顶花园的出现使传统的地面绿化上升到主体空间，是一种融建筑和绿化为一体的综合性现代技术，使城市建筑物的空间潜能与绿化植物的多种效益得到完美结合和充分发挥，是城市绿化发展的崭新领域，具有广阔的发展前景。

①改善城市生态环境

屋顶花园中的植物材料与平地的植物一样，具有吸收二氧化碳，释放氧气，吸收有毒气体，阻滞尘埃等作用；能调节空气湿度，使城市空气清新、洁净。由于屋顶花园中的植物生长位置较高，能在城市空间中多层次地净化空气，是城市空间空气净化的途径之一。据测定，有绿化的屋顶比没有绿化的平屋顶，空气中二氧化碳含量平均低56.7%～77.8%。

另外，屋顶花园具有显著的蓄水功能，能够减少雨水排放量。据《住宅绿化》一书介绍，一般平屋顶约有80%的雨水排入下水道，而建造有屋顶花园的屋顶只有32%的雨水排入下水道。这一方面可

以减少市政设施的投资；另一方面截流70%的雨水渗入土壤中，被各类树木、花卉和地被植物吸收，并通过蒸发和植物蒸腾作用扩散到大气中，使城市上空的空气保持湿润，从而达到改善城市空气与生态环境的目的（图6-47）。

②增加城市绿化面积，丰富城市景观

目前城市往高密度、高层建筑发展，若能在高层建筑周围的低层或多层建筑物的屋顶上建造屋顶花园，几乎可以偿还建筑所侵占的原绿地面积。在老旧多层居住建筑屋顶和新建多层、高层建筑屋顶上进行绿化或建造屋顶花园的潜力是很可观的，它不仅可增加城市"自然"的绿色空间层次，还能使居住或工作在高层上的人们俯瞰到更多的绿化景观，享受到更丰富的园林美景。建有屋顶花园的建筑，还能够丰富城市建筑群体的轮廓线，充分展示城市中各局部建筑的面貌，从宏观上美化城市环境，满足不同的需要，构成城市现代化的新视觉。同时，精心设计的屋顶花园将同建筑物完美融合，并通过植物的季相变化，赋予建筑物以时间和空间的变化，把建筑物这一凝固的音符变成一篇流动的乐章（图6-48）。

③减少屋顶眩光，调节人们的心理和视觉感受

城市中的多层、低层屋顶上的白色、灰色、黑色在阳光反射下的眩光，将产生不良的生态影响，而屋顶花园中的绿色代替了建筑材料的白、灰、黑色，减轻了阳光照射下反射的眩光，增加了人与自然的亲密感。同时，屋顶花园把大自然的景色移到建筑物上，把植物的形态美、色彩美、芳香美、韵律美展示在人们面前，对缓解人们的紧张度、消除工作中的疲劳、缓解心理压力、保持正常的心态起到良好的作用。更为重要的是，屋顶花园能陶冶情操，改变人们的精神面貌，推动社会进步，有利于城市各种功能的发挥和树立良好的城市形象（图6-49）。

④保护建筑物，起到保温隔热隔音减噪的作用

屋顶花园能够直接保护建筑物顶端的防水层及建筑结构构件，防止其由于温度变化而引起的防水层老化及建筑物外围墙身被拉裂；同时起到夏季

图6-43　屋顶花园植物

图6-44　屋顶花园中的建筑模型展示

图6-45　屋顶绿化景观远观

图6-46　屋顶花园

图6-47　改善城市生态环境

图6-48　增加城市绿化面积，丰富城市景观

隔热冬季保温的作用，达到冬暖夏凉的目的。在炎热的夏季，照射在屋顶花园上的太阳辐射热多被消耗在土壤水分蒸发之上或被植物吸收，有效地阻止了屋顶表面温度的升高。随着种植层的加厚，这种作用会愈加明显。在寒冷的冬季，外界的低温空气将由于种植层的作用而不能侵入室内，室内的热量也不会轻易通过屋顶散失。据有关资料证明，有屋顶花园的平顶楼，在夏季顶层室内温度比室外低5~6℃，最高可达8℃，冬季室内温度比室外高2~3℃。同时，屋顶绿化也增强了建筑物顶层的隔音减噪功能（图6-50）。

（2）屋顶花园的生态因子

①土壤

土壤因子是屋顶花园与平地花园差异较大的一个因子。由于受建筑结构承重能力的制约，屋顶花园的荷载只能控制在一定范围之内，土层厚度不能超出荷载标准。一般情况下自然式种植土层的厚度要求是：地被、草坪为15~30 cm，花卉灌木为30~60 cm；浅根乔木为60~90 cm，深根乔木为90~150 cm。另外由于种植土层较薄，土壤水分易排除和风干，不仅极易干燥，使植物缺水，而且

土壤养分含量较少，对植物生长发育不利，需要定期浇水和添加土壤腐殖质。为减轻屋顶负荷，很多代替土壤的介质技术不断被引用。台湾地区赖明洲教授利用化纤废料，通过化学、物理技术处理成轻质的人工土壤；德国屋顶花园技术的引入不仅包括代替土壤的介质，还包括防水、蓄水及排水技术。在植物选择上，不少城市选用了根系浅且耐旱的佛甲草，在5~10 cm深的介质土壤上生长得非常好。

②光照

屋顶花园一般高出地面几米至几十米，光照强，植物接受日辐射较多，为植物光合作用创造了良好条件，有利于喜光植物的生长发育。例如：北京市东城区园林局在进行屋顶绿化试验时，在屋顶上种植的草莓比地面对照点种植的提前7~10天成熟。又如上海某屋顶种植的月季花，比露地种植的叶片厚实、浓绿、花朵大、色质艳丽，花蕾数增加2.31倍，花期由早春5月提前到4月，秋花也由原来的10月份延长到11月份。同时，高层建筑的屋顶上紫外线较强，日照时间比地面显著增加，这就为某些植物尤其是沙生植物的生长提供了较好的环境。

图6-49　减少屋顶眩光，调节人们的心理和视觉感受　　图6-50　保护建筑物，起到保温隔热隔音减噪的作用

### ③温度

由于建筑材料的热容量大，加之屋顶种植层较薄，又处于高空，受外界气温影响较大，白天接受太阳辐射后迅速升温，晚上受气温变化的影响又迅速降温，致使屋顶上的最高温度要高于地面最高温度，最低温度又低于地面温度，日温差和年温差均比地面变化大。过高的温度会使植物的叶片焦灼，根系受损，过低的温度又给植物造成寒害或冻害，与植物生长发育所需的理想环境相差甚远。另一方面，屋顶上日照时间长，昼夜温差大，这种较大的温差对依赖阳光和温度进行光合作用的植物在体内积累有机物十分有利。例如，北京市东城区园林局屋顶上种植的草莓比地面上的含糖量提高5度，四川某园林所在屋顶上种植的西瓜甜度也比露地种植的高。

### ④空气

屋顶上气流通畅清新、污染明显减少，受外界人为、交通等干扰小，为植物生长提供了良好的环境条件。但屋顶上空气对流较快，易产生较强的风，而屋顶花园的土层较薄，故抗风、浅根、露地能过冬而根系发达的植物是优先选择的品种，较大型的乔木屋顶上应尽量少用或不用为宜。就我国北方而言，春季的强风和夏季的干热风会使植物干梢落叶，对植物的生长造成很大伤害，在选择植物时需充分考虑。另外，屋顶上空气温度情况差异较大，高层建筑上的空气湿度由于受气流的影响大，明显低于地表，干燥的空气往往成为一些植物生长

的限制因子。

### （3）屋顶花园的形式及造景设计

屋顶花园的类型和形式按使用要求的不同而多种多样。不同类型的屋顶花园，在规划设计上亦应有所区别。按使用功能上分为游览性屋顶花园、赢利性屋顶花园、家庭式屋顶花园、科研生产屋顶花园等；按屋顶花园的空间位置分为单层、多层（2~8层）、高层（50层以下）和超高层（60层以上）等几类；按空间开敞程度分为开敞式、封闭式和半开敞式三种；按植物造景设计风格分有中国古典园林式、西方现代园林式等。本节主要从使用功能上分析屋顶花园的造景设计。

### ①游览性屋顶花园

这种类型的屋顶花园在国内外均为屋顶绿化的主要形式之一。该形式的屋顶花园除具有绿化效益外，还可为工作和生活在该楼的人们提供休息场所。因为是公共场所，在设计上应考虑到它服务对象的公共性，在出入口、园路、场地布局、植物造景设计等方面要满足人们在屋顶上活动、休息等的需要。如重庆园林局办公楼上的屋顶花园，它以自由式种植区的地被草坪、花灌木为主，除少量座椅外，屋顶上没有任何园林小品，曲折园路较宽，便于人们闲暇时活动。

香港地区太古城居民小区天台花园，是国内外居住区目前已建成的较大型的、为公众开放的屋顶花园。它的道路、各种活动场地、休息座椅等，均适合"公共"的需要，既宽敞，数量又多；而植

物的种植则多采用规整的种植池，既便于管理，又有一定的绿化效果。为公众服务的大型公共建筑屋顶，以香港湾仔艺术中心的天台花园最为出色，它场地宽阔、游路四通八达、大型水池叠水塑石体量大、气势雄浑，为天台花园的人工主景；各种花池、花坛种植池高低错落、布置合理，地被、花灌木及乔木层次分明，已形成一定的绿化效果(图6-51)。

②赢利性屋顶花园

盈利性屋顶花园多用于旅游宾馆、酒店、夜总会和在夜晚开办的舞会，以及夏季夜晚营业的茶室、冷饮、餐室等。因它居高临下，夜间风凉且能观赏城市夜景，深受人们的欢迎。这类屋顶花园一般场地窄小，除应留有一定位置设置舞池外，还要摆设餐桌椅，因此，花园中的一切景物、花卉、小品等均应以小巧精美为主。植物造景设计应考虑使用特点，选用傍晚开花的芳香种类。花园四周要设置可靠的安全防护措施，并注意夜间照明设施的位置，做到精美、适用、安全(图6-52)。

③家庭式屋顶花园

近年来随着多层阶梯式住宅公寓及别墅的出现，使这类屋顶小花园逐渐走入家庭。家庭式屋顶花园一般面积较小，多为10~20 m²(图6-53)。它的重点放在种草养花方面，不宜设置园林小品、假山、水体等，但可充分利用墙体和栏杆进行垂直绿化，如北京清华大学教工阶梯式住宅楼等。

④科研生产屋顶花园

利用屋顶结合科研和生产要求，种植各类树木、花卉、果树、蔬菜和养鱼。除去管理所必需的小道外，屋顶上多成行列种植，屋顶绿化效果和绿化面积一般均好于其他类型。20世纪80年代重庆园林局、建筑研究所共同在屋顶上种植园林观赏植物、瓜果、油料和蔬菜等，进行无土栽培科学研究；成都原子能研究所利用办公楼屋顶进行菊花新品种的辐射选育研究，既有绿化效益，又取得了很好的科研成果。

（4）屋顶花园造景设计常用植物选择

屋顶花园造景设计常用植物必须种植在人工合成的土壤上。水的供应受到限制，不可能利用地下水通过毛细管上升作用供给植物，需要根据各类植物生长特性选择适合屋顶生长环境的植物品种。屋顶上的风力大，土层太薄，选用植株矮、根系浅的植物容易被风吹倒；若加厚土层，便会增加重量。而且，乔木发达的根系往往还会影响防水层而造成渗漏。

因此，屋顶花园一般应选用比较低矮、根系较浅的植物。盆植方式安全、快捷、造价低，为增强其美化效果，种植容器可大可小、可高可低，可移动可组合，还可以与局部屋顶覆土种植相结合，形成丰富多样、风格多变的景观效果。对于大面积屋顶覆土绿化，由于覆土厚度浅及屋顶负荷有限，加之屋顶日照足、风力大、湿度小、水分散发快等特殊因素，要求植物需要具备根系浅、矮生、生长慢、耐瘠薄、耐干旱、耐寒冷、耐风飕、宿根、喜阳等特点，体量也不能太大，以适应某一具体屋顶生态环境条件、在屋顶上生长安全可靠为首选。

①草坪与地被植物

常用的有佛甲草、黄花万年草、垂盆草、卧茎佛甲草、天鹅绒草、酢浆草、虎耳草、美女樱、太阳花、遍地黄金、澎蜞菊、马缨丹、红绿草、吊竹梅、凤尾珍珠等。特别是目前运用比较成熟的佛甲草、黄花万年草、垂盆草、卧茎佛甲草等，它们同属景天科地被植物，有如下特点：绿色期较长，一年四季仅年底年初两个月茎叶枯萎，根部嫩芽碧绿；抗旱、抗寒能力强；冬季干茎抓地牢，不扬尘；所需营养基质薄，3~5 cm厚即可；根系浅，弱且细，网状分布，没有穿透屋面防水层的能力；管理粗放，具有一定的经济价值。例如佛甲草是外敷清热解毒中草药，垂盆草内服清热解毒，且是可食用的保健凉菜。

另外，近年来开展了一些多品种、本土化试验，长白山卧茎佛甲草、多茎佛甲草、三七景天、八宝景天、萱草——金娃娃、德国小景天、太阳花、太平花、红景天、德景天、费菜、门头沟柏峪景天、延庆瓦松、密云养心草等本地、外埠和国外引进的景天属地被植物在试种中都有尚佳表现(图6-54)。

图6-51　游览性屋顶花园　图6-52　盈利性屋顶花园（广州中国大酒家屋顶）　图6-53　家庭式屋顶花园
（国家体育总局屋顶）

图6-54　屋顶草坪地被植物　　　　　　　　　　　　　　图6-55　屋顶花园草本花卉

图6-56　屋顶灌木和小乔木　　　图6-57　楼顶藤本植物爬满几层楼高　　　图6-58　南京中山盲人植物园

图6-59　南京市盲人学校的盲童在中山植物园游览　　　图6-60　南京中山植物园

②草本花卉

常用的有天竺葵、球根秋海棠、风信子、郁金香、金盏菊、石竹、一串红、旱金莲、凤仙花、鸡冠花、大丽花、金鱼草、雏菊、羽衣甘蓝、翠菊、千日红、含羞草、紫茉莉、虞美人、美人蕉、萱草、鸢尾、芍药、葱兰等(图6-55)。

③灌木和小乔木

常用的有雪松、桧柏、罗汉松、沙地柏、侧柏、龙爪槐、大叶黄杨、女贞、紫叶小檗、西府海棠、樱花、紫叶李、竹子、红枫、小檗、南天竹、紫薇、木槿、贴梗海棠、蜡梅、月季、玫瑰、山茶、桂花、牡丹、结香、红瑞木、平枝枸子、八角金盘、金钟花、栀子、金丝桃、八仙花、迎春花、棣棠、枸杞、石榴、六月雪、荚莲、苏铁、福建茶、黄心梅、黄金榕、变叶木、鹅掌楸、龙舌兰、假连翘等(图6-56)。

④藤本植物

常用的有洋常春藤、茑萝、牵牛花、紫藤、木香、凌霄、蔓蔷薇、扶芳藤、五叶地锦、葛藤、金银花、常绿油麻薜、葡萄、爬山虎、炮仗花等。其对于屋顶设备和广告架的覆盖有独到之处，可在屋顶建筑物承重墙处建池子种植，也可在地面种植向屋顶攀爬。果树和蔬菜常用的有矮化苹果、金橘、葡萄、猕猴桃、草莓、黄瓜、丝瓜、扁豆、番茄、青椒、香葱等(图6-57)

总体而言，屋顶花园植物选择要综合考虑以下因素：

A.屋顶高度：通常距地面越高的屋面，自然条件越恶劣，植物选择要更为严格；

B.尽可能地选用适应性强、生长缓慢、病虫害少、浅根性植物材料；

C.考虑布局设计、功能发挥和观赏效果以及防风等安全性要求，水肥供应状况；

D.退台式屋面还要考虑墙体材料和受光条件等。

## 6.2.2 盲人花园植物造景设计

（1）盲人花园概述

盲人花园，顾名思义即为盲人设置的专类花园，是让有视觉障碍的人们通过嗅觉、触觉、听觉等方式游览体验的花园，当然也同样可以为一般游人游赏。西方常用芳香植物来设计供盲人游览的专类园，通常为了表示对盲人的尊重，不用"盲人花园(BlindGarden)"这个名词，而用芳香园(Fragrant Garden)或感觉园(Sensory Garden)来命名。

中国内地的第一个盲人植物园位于南京中山植物园内，建成于1995年，设在国家级风景区中山陵园风景群落带，背倚钟山，占地12 hm$^2$，是目前中国大陆规模最大的盲人植物园。该园根据盲人触摸感知和嗅闻品析能力的特点，种植了芳香植物、果树、药用植物、水生植物、奇形叶片等乔灌木植物150种以上，其中60种植物挂有盲文铭牌、30种植物附设语音系统，较为详尽地介绍各种植物的名称、特点和用途等知识。2008年，该盲人植物园重新进行了扩建。到目前为止，苏州、郑州、上海等20多个城市也相继建设和规划了盲人植物园或专类花园(图6-58、图6-59)。

（2）盲人花园造景设计

盲人花园的设计中，还应充分考虑盲人的特殊性；通过设置盲道、不锈钢挟手、休息设施等，尽量为他们在活动时提供方便。另外，盲人花园的展示植物均配有盲文介绍牌及语音系统，便于盲人赏析。如南京盲人植物园在设计这些设施时，从以下几点作了特殊处理：

①地形。地形自然平缓，强调无障碍通行条件；道路平整，用鹅卵石铺成盲人专用道，沿路有长达400余米的不锈钢护栏等设施。

②台地。植物栽植位置尽量便于盲人触摸和闻嗅识别，如设置0.5~1.0 m高度的花台栽植以便于盲人站立或坐轮椅时可以触摸，种植位置临近道路以便于盲人下蹲便可接触。

③无障碍。盲人花园的建筑和服务设施必须有特殊考虑，除满足无障碍要求外，还强调了建筑及设施边角圆滑、满足引导盲人和便于使用的要求。

④认知系统。为了方便盲人识别，设置有通

用的盲文识别标识系统和语音识别讲解系统（图6-60、图6-61）。

（3）盲人花园植物选择

总体而言，盲人花园的植物选择应该有以下要求：

首先，植物应无毒无刺，以保证触摸和闻嗅植物时的安全；其次，注重触觉与嗅觉，即多用除视觉感受外具有明显的感觉特征的植物，比如具有不同的气味，鲜明的叶子形状或质感、不同形态特征的果实，这些特征易于通过嗅、触摸等途径识别，例如，芳香园就是通过种植大量的芳香植物供盲人闻嗅识别；再次，植物层次应分明，即乔灌草层次分明，主要植物特征易于在无障碍游赏环境条件下，易于被感知；最后，植株株形应低矮，植株的主要特征易于被盲人游客触摸和感知。

在植物选材上，盲人无法通过"看"来体验和识别植物，但是盲人往往可以通过嗅觉、听觉、触觉来辨识和认识植物的特性。如苏州盲人植物园在植物设计时，按照植物的不同类型分成四大区域：即芳香类植物区，如桂花、含笑、蜡梅、丁香、刺槐、栀子花等；叶型类植物区，如银杏、马褂木、八角金盘、阔叶麦冬、鸡爪槭、金钱松、红枫等；枝干类植物区如杜仲、红瑞木、龙爪槐、紫薇、竹柏、结香等；果实类植物区，如南天竹、果梅、枇杷、果石榴、无花果、柑橘等，选择时应与环境协调，尊重客观环境和立地条件（图6-62～图6-64）。

## 6.2.3 废弃地植物造景设计

（1）废弃地的类型与特点

①矿业废弃地

矿业废弃地是指为采矿活动所破坏，未经治理而无法使用的土地。在矿山开采过程中，露天采矿场、排土场、尾矿场、塌陷区以及受重金属污染而失去经济利用价值的土地统称为矿业废弃地。矿业废弃地按照采集类型可分为露天开采区和非露天开采区。露天采集区对生态系统的破坏是根本性的，所有原生生态系统完全被破坏；非露天采集区对地面生态系统的破坏相对小一些。根据来源，可将矿业废弃地划分为4种类型：一是由剥离表土、开采的岩石碎块和低品位矿石堆积而成的废石堆废弃地；二是随着矿物开采而形成的大量的采空区和塌陷区，即采矿坑废弃地；三是开采出来的矿石经各种分选方法分选出精矿后的剩余物排放堆积形成的尾矿废弃地；四是采矿作业面、机械设施、矿山辅助建筑物和道路交通等先占用而后废弃的土地。图6-65是芬兰Nokia的"上下"大地艺术的外部景观，由纽约设计师南希·霍尔特设计，它是建在一个废弃采石场上的景观作品。

②城市产业废弃地

城市产业废弃地是指在城市中因工业、商业发展而迁移或改建从而遗留下来的废弃地，包括工业废弃地、商业废弃地等。城市产业废弃地大多数处于城市的中心地带，因此对它进行恢复更新对城市具有十分重要的意义。由于城市的巨大影响，城市产业废弃地的再生也具有其独特之处。

首先，城市产业废弃地的生态恢复具有很大的便利性。一方面，城市产业废弃地的污染效应相对较小，这就避免了对土壤系统进行修复的复杂性；另一方面，城市产业废弃地处于城市中央，废弃地进行生态恢复后具有很大的经济利用价值和多种用途，资金比较容易筹集，运输等工程也比较便利。

其次，城市产业废弃地的生态恢复具有一定的局限性。一方面，生态恢复应该和城市的景观风格相适应，生态恢复的主要目标应该是人工生态系统，在利于进行管理的同时应对城市的生态、社会、经济发展都有很大的益处；另一方面，在城市中进行生态恢复工程废弃地植物造景也需要注意对城市居民生活的影响。目前，在城市中进行的废弃地生态恢复大多数都是将城市产业废弃地改造为城市公共空间，故城市产业废弃地再生的主要特点是生态和景观的设计，而不是先进工程技术方法的应用。图6-66是德国北杜伊斯堡景观公园，由彼得·拉茨与合伙人于1991年建立，其原址是炼钢厂和煤矿，于1985年废弃。

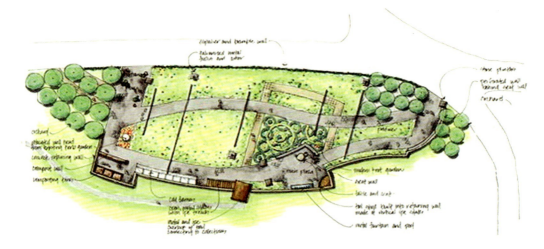

图6-61 布鲁克林植物园平面图

图6-62 布鲁克林植物园的设计

图6-63 布鲁克林植物园的植物

图6-64 布鲁克林植物园的植物选择

图6-65 芬兰Nokia的"上下"大地艺术的外部景观，由纽约南希·霍尔特设计，建在一个废弃的采石场上

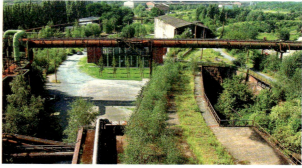

图6-66 德国北杜伊斯堡景观公园，由彼得·拉茨与合伙人于1991年建立，其原址是炼钢厂和煤矿及钢铁工业，于1985年废弃

③城市垃圾处理场地

伴随着工业化和城市化进程的加快，工业产值不断增长，生产规模不断扩大，人们的物质生活水平和需求不断提高，人类的废弃物产生量也在不断增加，这些废弃物主要包括城市生活废弃物和工业产生的工业废弃物。人们对这些城市固体废弃物的简单处置形成了垃圾处置场地废弃地。由于对土地的占用和覆盖，城市垃圾处理填埋场会完全破坏原生生态系统，垃圾处理场的主要成分是生活垃圾。垃圾在降解的过程中，会产生垃圾渗滤液和主要成分为甲烷的溢出气体，改变了土壤的性质，影响植物的成活，并对周围的生态环境产生不良的影响。对垃圾处理场的生态设计，首先要克服填埋物的负面影响。图6-67是西班牙Batlle i Roig

Arquitectes设计的自然公园，其前身是一个垃圾填埋场，主要处理巴塞罗那都市圈的垃圾。设计师集合了多学科（环境工程、地质、景观建筑学、园艺学）的技术力量，让这个地方获得了新生。

（2）废弃地的植物造景设计原则

①恢复植物生态系统

由于污染等多种原因，废弃地上的植物遭受破坏较为严重，很难形成完善的植物群落，更无法形成生态系统。因此需要改善土壤、水、植被、空气等环境因素，对因工业化生产而被毁灭的植物生长环境进行生态恢复，从而使植物系统得到恢复，形成较为完善的群落和系统。在进行植物配置时可以单群结合，合理配置，选择绿化效果好、花期长、病虫害少的各类乔灌木和地被植物，改善生态环境，营造风格不同的园林景观。选择植物相互间能共生共存的植物品种进行配置，兼顾近期与远期效果，采用速生与慢生、常绿与落叶、观花与观叶等植物的有机结合（图6-68）。

②选用乡土植被

废弃地景观改造应配合当地的自然环境特征和人文风俗习惯，充分利用好地域特点。其设计应充分考虑阳光、雨水、河流、土壤、植被等因素，从而维护自然环境的平衡。植物应多选择当地品种，不仅经济、容易成活，而且能营造出与当地环境相融的植物群落生态系统。同时，外来树种也应该经济合理，并且能彰显地方特色。设计作品只有和当时当地的环境融合，才能被当时当地的人和自然接收并吸纳（图6-69）。

③节约资源能源，保护原有绿色资源

工业废弃地景观改造应采取措施减少使用资源，提倡节能设计，尽量减少能量消耗，提高能源使用效率，充分利用太阳能、风能、水利能等可再生的自然能源，减少石油、煤炭等不可再生资源的使用。节约用材，选择可再生、可降解、可循环利用的材料，避免产生过量的固体垃圾，破坏环境，浪费资源。在城市发展更新的过程中，总会产生很多废弃的工厂或场所，不断地拆除重建，也是一种资源浪费。这些地方稍作修改，可以被改造成新用

途的工业景观。在国外，这种方式已经成为一个不小的潮流，瑞典的Konstfack艺术学校的新校址就是斯德哥尔摩郊区的爱立信电话旧厂房，通过种植一定的攀援植物来分隔空间等也是一种节约资源绿化环境的手段。设计师俞孔坚等在广东中山岐江公园的建设中也是大量保留原来的旧厂房的建筑和设备，并运用改变其颜色等手法稍作修改利用，产生了新的良好视觉效果（图6-70）。

④保护生物多样性

通过生态的多样化设计为生物创造丰富的栖息环境，生物群落的成员借助能流和物质循环形成一个有组织的功能复合体，每一个物种都是整个生物链上不可或缺的一环。在水陆交界处等生态敏感区的设计应致力于保护和恢复动植物的栖息地，通过建设森林、连接绿地斑块、建设湿地等一系列措施使生物多样性得到保护。德国设计师彼得·拉茨设计北杜伊斯堡景观公园中的植被均得以保护，荒草也任其自由生长，保护了生物的多样性（图6-71）。

⑤变废为宝，重新发现工业遗迹之美

废弃地是人类活动的遗存，承载着时代的文化记忆。国内外的工业废弃地改造项目融入了现代景观设计的思想，尊重场地特征，重新发现工业废弃地的历史价值和文化价值，将工业废弃地视为工业文化遗产。经过筛选、保留和重新利用，工业废弃地能够产生新的景观形式，同样也能满足人们对休闲、娱乐的需求。需要指出的是，并非所有工业废弃地都要采用上述途径进行改造，应根据当地具体的地理、历史、文化条件，选择适宜的改造途径，进行合理的植物配置（图6-72）。

（3）废弃地植物的选择

在工业废弃地植被重建的初始阶段，植物种类的选择至关重要。那些在工业废弃地上自然定居的植物，能适应废弃地上的极端条件，应该作为优先考虑的植物，具体可分以下几类：

①固氮植物

种植固氮植物是经济效益与生态效益俱佳的土壤基质改良方法。有研究表明1 hm²固氮植物每

图6-67 西班牙Batlle i Roig Arquitectes 设计的自然公园，前身是一个垃圾填埋场，主要处理巴塞罗那都市圈的垃圾

图6-68 德国波鸿市西园的植物生态系统的自然恢复

图6-69 山东日照市银河公园

图6-70 中山岐江公园，设计师俞孔坚等把原来遗弃的造船设备和结构用红色刷新，与植物产生强烈的对比效果

图6-71 设计师彼得·拉茨在北杜伊斯堡景观公园中的植被均得以保护，荒草也任其自由生长

图6-72 山东日照市银河公园的植物造景设计

图6-73 山东日照市银河公园的植物配置

图6-74 山东日照市银河公园的植物配置

图6-75 德国北杜伊斯堡景观公园中水边的植物

图6-76 德国北杜伊斯堡景观公园中保留建筑的顶部的植物

图6-77 德国北杜伊斯堡景观公园中的观花乔木

图6-78 德国北杜伊斯堡景观公园中种植的花草

图6-79 德国北杜伊斯堡景观公园中保留建筑的观叶植物

年可以固氮50~150 kg。固氮植物主要有3类：一类是与根瘤菌共生的植物，包括刺槐属、合欢属、紫穗槐属、锦鸡儿属、金合欢属、胡枝子属、大豆属、豌豆属、菜豆属、苜蓿属等植物；一类是与弗兰克氏菌共生的植物，包括杨梅属、沙棘属、胡颓子属、赤杨属、马桑属、木麻黄属等植物；还有一类是与蓝藻类共生的植物，包括苏铁属及少数古老物种。

②先锋植物

原生裸地上植物群落的形成与演替是一种由先锋植物种类入侵、定居、群聚、竞争的过程。先锋植物种类凭其种群优势影响后入侵者的定居与生长发育，它往往决定裸地最初形成的群落类型。一般来说，先锋植物抗逆性强，喜阳，易于生长，而且能改善土地质量。正是由于先锋植物开路的贡献，后面更高级的植物才会陆续生长起来。

先锋植物对工业废弃地恶劣生境具有较强的忍耐能力。为了改善生态环境、恢复植被，应首先种植耐性强的先锋草类，如假俭草、苇状羊茅、芒草、弯叶画眉草、狗牙根、百喜草、香根草、象草、荩草、矮象草、节节草、水蜡烛等，使裸地迅速被植物所覆盖，形成草丛群落，使土壤逐渐得到改良。草本植物群落发展到一定阶段，特别是土壤的改良程度能够适宜灌木生长时，应及时引进先锋灌木如沙棘、柽柳、柠条、紫穗槐、胡枝子等一些阳性、喜光灌木，使群落向草—灌群落转化，并逐渐加大灌木数量，促进灌丛群落的出现。灌木群落之后，生态环境开始适宜阳性先锋乔木树种生长，逐渐形成针叶林、针阔混交林。

③超富集植物

近年来，许多报告指出，一些自然生长在金属污染土壤上的植物能够在它们的地上部分富集异常高的金属，如镍、锌、铜、钴和铅等。它们不但对重金属环境具有很强的适应能力，而且在体内所富集的重金属浓度是通常植物的几十倍乃至上百倍。利用这些植物来修复重金属污染地时，经几次收割之后，土壤中的重金属水平将显著减少。迄今总共有415种金属的超富集植物被先后发现。在生态恢复实践中要重视超富集植物的使用，根据不同目的选择相应植物种类。

矿山废弃地重金属污染一般较重，目前发现的耐重金属污染的植物种类较少，故筛选新的耐重金属污染或超富集重金属的植物物种具有重要的理论意义和实践价值。

④乡土植物与外来植物

首先要指出的是，这里所说的外来物种是指已证明的非乡土物种，而且在需要生态恢复的地方已有分布的物种。植被重建中是否引入外来物种是一个颇具争议的问题。一般来说，在工业废弃地的植被重建过程中应该尽量避免引入外来物种，植被重建应该首先考虑的是适合生长的乡土物种。但是在某些矿山废弃地上一些外来物种生长良好，而且通常只有它们能最先侵入，形成群落。

因此，在工业废弃地这种有机质、营养元素极端贫乏，基质松散，重金属含量严重超标的极端生境下，利用外来物种的强侵入性，首先稳固地表，改善土壤环境以有利于土壤其他生物的进入应该是一种可行的办法。当然，对引入的外来物种要加强管理，而且要制订一个全面的计划，否则会引起外来物种的泛滥，甚至对当地生态系统产生破坏。最终应当恢复和重建的植物应该是乡土物种，毕竟从长远的角度来看，乡土物种是有优势的，这也是符合保护生物学原理的（图6-73~图6-79）。

## | 知识点 |

1. 水岸植物造景。

2. 水中植物造景。

3. 水面植物造景。

4. 堤岛植物造景。

5. 挺水植物。

6. 浮叶植物。

7. 漂浮植物。

8. 沉水植物。

9. 湿地植物。

10. 旱地植物。

11. 盐碱地植物。

12. 屋顶花园类型。

13. 屋顶花园植物选择考虑综合因素。

14. 盲人花园植物造景设计特殊性。

15. 废弃地的植物造景设计原则。

16. 废弃地的植物选择注意事项。

## | 思考题 |

1. 屋顶花园的形式有哪些？屋顶花园的植物造景设计应注意哪些问题？如何选择屋顶花园植物？

2. 盲人花园的植物造景设计的特点？

3. 废弃地的类型和特点有哪些？废弃地植物造景设计的原则有哪些？废弃地植物选择应注意什么问题？

## | 作业 |

1. 考察校园周边的特殊环境景观，绘制植物配置图，并拍照做成PPT的考察报告。要求有植物造景设计总平面图、植物应用列表、考察感触或改进建议等。

2. 列出学生所在地区常见的湿地植物。

## | 拓展阅读 |

1. http://www.dankaili.com/public.html 重庆丹凯利园林景观设计公司

2. http://www.cdmjjs.com/ 成都美景金山景观工程有限公司

3. http://expo2010.chla.com.cn 河北风景园林网

4. http://www.landscape.cn/Special/landfill/Index.html 景观中国网站

5. http://www.zhulong.com 筑龙网

# 7 植物造景设计图纸表现

**★目的要求**

掌握园林植物造景设计图纸的分类和要求，了解植物造景设计的流程和内容，熟悉植物造景设计图纸的常用表现技法，培养植物造景设计案例的鉴赏和评价能力。

## 7.1 植物造景设计图纸的分类和要求

### 7.1.1 植物造景设计图纸的分类

园林植物造景图纸是园林植物施工的依据，它比用语言和文字所表达的意思更加精确和形象，能使园林植物造景工程有计划、有秩序地进行。

（1）按照表现内容及形式进行分类

①平面图

平面图即平面投影图，用以表现植物的种植位置、规格、数量及种植类型等，以圆点表示出树干位置，树冠大小按成龄后冠幅绘制（图7-1）。

②立面图

立面图有正立面投影或者侧立面投影，用以表现植物之间的水平距离和垂直高度（图7-2）。

③剖面图和断面图

用一个垂直的平面对整个植物景观或某一局部进行剖切，并将观察者和这一平面之间的部分去掉，绘制剖切断面及剩余部分的投影则称为剖面图，如果仅绘制剖切断面的投影则称为断面图，用以表现植物景观的相对位置、垂直高度，以及植物与地形等其他构景要素的组合情况（图7-3）。

④透视效果图

透视效果图用以表现植物景观的立体观赏效果，分为总体鸟瞰图和局部透视效果图，透视包括一点透视、两点透视、轴侧透视等（图7-4、图7-5）。

⑤虚拟现实系统

虚拟现实系统Virtual Reality，简称VR，是利用电脑模拟产生一个三度空间的虚拟世界，通过对使用者关于视觉、听觉、触觉等感官的模拟，让使用者如同身临其境一般，可以及时、没有限制地观察三度空间内的事物；可以很轻松随意地进行修改，如改变植物高度，改变植物立面的材质、颜色，改变植物绿化密度，只要修改系统中的参数即可，从而大大加快了方案设计的速度和质量，提高了方案设计和修正的效率，也节省了大量资金。

⑥模型

模型是用不同形式和材料及成品景观构件，根据植物造景设计的图纸和构想，按照一定比例缩微进行模仿性的有形制作。它是设计的一种重要表达方式，以立体的形态表达特定的创意，是以真实性和整体性向人们展示一个多维的空间。模型制作是进一步完善和优化设计的过程，能够激发设计师的灵感，发现设计思路上存在的盲点，并改进优化，帮助设计师更快地使设计方案达到最佳状态（图7-6）。

（2）按照对应设计环节进行分类

① 植物造景规划图

植物造景规划图应用于初步设计阶段，绘制植物组团造景范围，并区分植物的类型即可，如常绿、阔叶、花卉、草坪、地被等（图7-7）。

② 植物造景设计图

植物造景设计图用于详细设计阶段，利用图例确定植物种类、植物造景点的具体位置、植物规格和造景形式等（图7-8）。

③植物造景施工图

植物造景施工图用于施工图设计阶段，标注植物种植点坐标、标高，确定植物的种类、规格、栽植或养护的要求等（图7-9）。

## 7.1.2 植物造景设计图纸绘制要求

（1）植物造景规划图绘制要求

植物造景规划图的目的在于表示植物分区和布局的大体状况，一般不需要明确标注每一株植物的规格和具体种植点的位置。植物造景规划图只需要绘制出植物组团的轮廓线，并利用图例或者符号区分出常绿针叶植物、阔叶植物、花卉、草坪、地被等植物类型。植物造景规划图绘制应包含以下内容：

① 设计说明：包括植物配置的依据、方法和形式等。

②图名、指北针、比例、比例尺。

③图例表：包括序号、图例、图例名称（常绿针叶植物、阔叶植物、花卉地被等）、备注。

④植物造景规划平面图：绘制植物组团的平面投影，并区分植物的类型。

⑤植物群落效果图、剖面图或者断面图等（见7.3.2重庆渝北区生态苗木产业园规划的案例分析）。

（2）植物造景设计图绘制要求

植物造景设计图除包含植物造景平面图之外，往往还要绘制植物群落剖面图、断面图或效果图。植物造景设计图绘制应包含以下内容：

① 图名、指北针、比例、比例尺、图例表。

② 设计说明：包括植物配置的依据、方法、形式等（图7-10）。

③植物表：包括序号、中文名称、拉丁学名、图例、规格（冠幅、胸径、高度）、单位、数量（或种植面积）、种植密度、其他（如观赏特性、树形要求等）、备注。

④植物造景设计平面图：利用图例标示植物的种类、规格、种植点的位置以及与其他构景要素的关系。

⑤植物群落剖面图或者断面图。

⑥植物群落效果图：表现植物的形态特征，以及植物群落的景观效果。

⑦在绘制植物造景设计图的时候，一定要注意在图中标注植物造景点位置，植物图例的大小应该按照比例绘制，图例数量与实际栽植植物的数量要一致（见7.3.3上海辰山植物园之药用植物园案例分析）。

（3）植物造景施工图绘制要求

植物造景施工图是园林绿化施工、工程预（决）算编制、工程施工监理和验收的依据，并且对于施工组织、管理以及后期的养护都起着重要的指导作用。植物造景施工图绘制应包含以下内容：

①图名、比例、比例尺、指北针。

②植物表：包括序号、中文名称、拉丁学名、图例、规格（冠幅、胸径、高度）、单位、数量（或种植面积）、种植密度、苗木来源、植物栽植及养护管理的具体要求、备注。

③施工说明：对于选苗、定点放线、栽植和养护管理等方面的要求进行详细说明。

④植物造景施工平面图：利用图例区分植物种类，利用尺寸标注或者施工放线网格确定植物造景点的位置——规则式栽植需要标注出株间距、行间距以及端点植物的坐标或与参照物之间的距离；自然式栽植往往借助坐标网格定位。

⑤ 植物造景施工详图：根据需要，将总平面图划分为若干区段，使用放大的比例尺分别绘制每一区段的种植平面图，绘制要求同施工总平面图。为了读图方便，应该同时提供一张索引，说明总图到详图的划分情况。

⑥文字标注：利用引线标注每一组植物的种类、组合方式、规格、数量（或者面积）。

⑦植物造景剖面图或断面图（见7.3.4晋商公园的案例分析）。

对于种植层次较为复杂的区域应该绘制分层种植施工图，即分别绘制上层乔木的种植施工图和中下层地被的种植施工图。绘制要求同上。其中，植物造景设计图和植物造景施工图在项目实施过程中必不可少，而植物造景规划图则根据项目的难易程度和甲方的要求绘制或者省略。

图7-1 贝克莱学生档案馆平面图
（加利福尼亚大学Courtesy 绘）

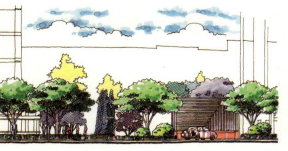

图7-2 北京领秀慧谷居住区立面图（北京新纪元建筑工程设计有限公司）

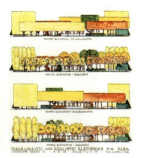

图7-3 贝克莱学生档案馆剖面图和立面图（加利福尼亚大学Courtesy 绘）

图7-4 "红飘带"透视图（俞孔坚等设计）

图7-5 中共中央党校东区景观鸟瞰图（李迪华等）

图7-6 台北城项目模型局部

图7-7 植物造景规划图（李月文等）

图7-8 植物造景设计图（李雄）

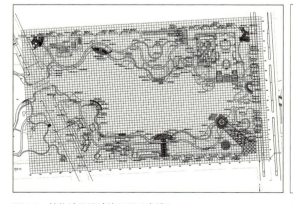

图7-9 植物造景设计施工图（李雄）

图7-10 某公园施工设计说明

## 7.2 植物造景设计图纸的表现技法

植物造景设计图纸的表现技法很多，一般从工具和手法上分有手绘线条表现法、手绘水墨渲染法、手绘钢笔淡彩法、手绘水粉表现法、电脑表现法、模型制作表现、动画影视表现等手法。其中，电脑表现又包括AUTO CAD黑白表现、PHOTOSHOP彩色表现、3DMAX彩色透视效果表现、SKETCH表现、虚拟现实（Virtual Reality，简称VR）表现等形式。本章节主要从乔木、灌木、花草、地被等植物的分类方面来讲各种植物的表现手法。

1996年3月起实施的《风景园林图例图示标准》对植物的平面及立面表现方法作了规定和说明，图纸表现中应参照"标准"的要求和方法执行，并应根据植物的形态特征确定相应的植物图例或图示。园林植物造景设计的基本表现方式建议参照和采用《风景园林图例图示标准》CJJ67-95和《建筑构造通用图集》88J-10标准。作为设计师，除了要掌握植物的绘制方法，还应拥有一套专用植物图库，以便在设计过程中选用。

### 7.2.1 乔木的表现技法

（1）平面表现图

乔木的平面图就是树木的俯视图，也叫顶视图，是树木树冠和树干的平面投影。最简单的表示方法就是以种植点为圆心，以树木冠幅为直径作圆，并通过数字、符号区分不同的植物，即乔木的平面图例。树木平面图例的表现方法有很多种，常用的有轮廓型、枝干型、枝叶型三种（图7-11）。

①轮廓型：确定种植点，绘制树木的平面投影的轮廓，可以是圆，也可以带有棱角或者凹缺。

②枝干型：作出树木的树干和枝条的水平投影，用粗细不同的线条表现树木的枝干。

③枝叶型：在枝干型的基础上添加植物叶丛的投影，可以利用线条或者圆点表现枝叶的质感。

在绘制的时候为了方便识别和记忆，树木的平面图例最好与其形态特征相一致，尤其是针叶树种与阔叶树种应该加以区分。

此外，为了增强图面的表现效果，常在植物平面图例的基础上添加阴影。树木的地面阴影与树冠的形状、光线的角度等有关，在园林设计图中常用阴影圆表示，如图7-12（a）所示，也可以在此基础上稍作变动，如图7-12（b）所示，图7-12（c）是树丛阴影的绘制方法。

图7-13、图7-14是一些常见树木的平面图例，在绘图时可以参考。

（2）立面表现图

乔木的立面就是乔木的正立面或者侧立面投影，表现方法也分为轮廓型、枝干型、枝叶型三种类型（图7-15）。此外，按照表现方式不同，树木立面表现还可以分为写实型和图案型。

（3）透视效果表现图

透视效果表现图用透视学原理绘制出的具有立体效果的绘画形式。树木的透视效果表现图要比平面、立面图的表现更立体，空间感更强。要想将植物描绘得更加逼真，必须通过长期的观察和大量的练习。绘制乔木透视景观效果时，一般是先定透视形式（一点透视、两点透视、轴侧透视等），然后按照由主到次、由近及远的顺序绘制；对于单株乔木而言，要按照由整体到细部、由枝干到叶片的顺序加以描绘。

①外观形态的表现

尽管树木种类繁多，形态多样，但都可以简化成球形、圆柱形、圆锥形等基本几何形体，首先将乔木大体轮廓勾勒出来，然后再进行下一步描绘（图7-16）。

②枝干的表现

树木的枝干都可以近似为圆柱体，所以在绘制的时候可以借助圆柱体的透视效果简化作图。另外，为了保证效果逼真，还应该注意树木枝干的生长状态和纹理，比如核桃楸等植物的树皮呈不规则纵裂；油松分节生长，老时表皮鳞片状开裂；而多数幼树一般树皮较为光滑或浅裂（梧桐树皮翘起，具有花斑）等。总之，要抓住植物树干的主要特点进行描绘（图7-17、图7-18）。

（a）轮廓形

（b）枝干形

（c）枝叶形

图7.11　乔木的平面表现

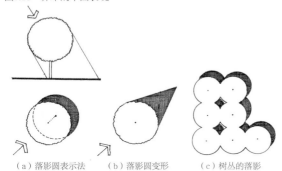

（a）落影圆表示法　　（b）落影圆变形　　（c）树丛的落影

图7.12　植物阴影的表示方式

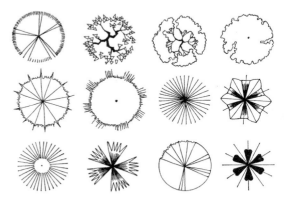

图7.13　常见植物的平面表现形式

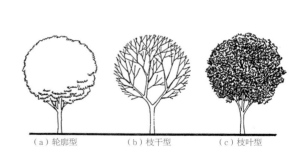

（a）轮廓型　　　　（b）枝干型　　　　（c）枝叶型

图7.15　轮廓型、枝干型、枝叶型植物立面表现

图7.14　常见植物的平面表现举例

图7-16　树木外观形态的表现

图7-17　树木枝干的表现（一）（吴冠中）

图7-18　树木枝干的表现（达芬奇）

图7-19　树叶的表现（梵高）

图7-20　树木光影表现（伦勃朗）

图7-21　远景与近景表现

图7-22　树木的透视表现

　植物造景设计 | PLANT LANDSCAPE DESIGN

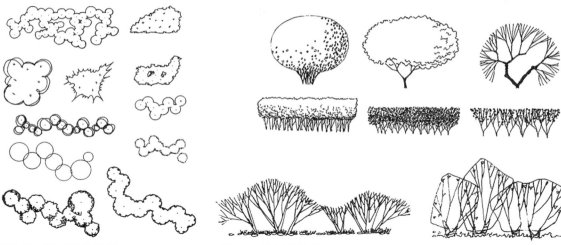

图7-23 灌木丛的平面画法　　　　　　　图7-24 灌木立面表现

图7-25 灌木的透视图表现（李渊临）

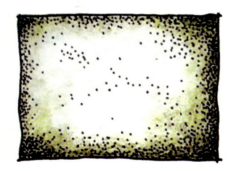

图7-26 草坪的打点法平面表现

打点法

小短线法

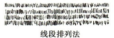
小短线法

线段排列法

线段排列法

线段排列法

线段排列法

线段排列法

乱线法

m形线条排列法

图7-27 草坪的平面表现

图7-28 草坪的画法（澳斯曼·中国厦门设计顾问有限公司）

图7-29 草坪地被植物表现（连云港胡沟水库公园，美国GN公司设计）

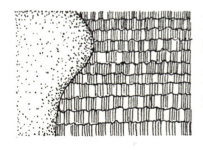

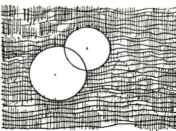

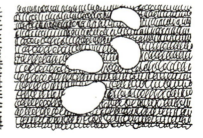

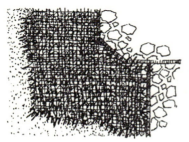

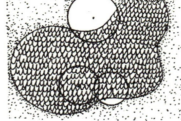

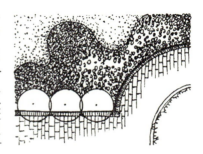

图7-30 地被平面表现

③叶片的表现

对于树叶，主要是表现叶片的形状及着生方式，重点刻画树木边缘和明暗分界处以及前景受光处的叶子，至于大块的明部、中间色和暗部可用不同方向的笔触加以概括（图7-19）。

④阴影的表现

按照光源与观察者的相对位置分为迎光和背光，两种条件下物体的明暗面和阴影是不同的。所以，绘制效果图时，首先应该确定适宜的阳光照射方向和照射角度，然后根据几何形体的明暗变化规律，确定明暗分界线，再利用线条或者色彩区分明暗界面，最后根据经验或者制图原理绘制树木在地面及其他物体表面上的阴影（图7-20）。

⑤远景与近景的表现

通过远景与近景的相互映衬，可以提高效果图的层次感和立体感。首先应该注意树木在空间距离中的透视变化，分清楚远近树木在光线作用下的明暗差别。通常，近景树特征明显，层次丰富，明暗对比强烈；中景树特征比较模糊，明暗对比较弱；远景树只有轮廓特征，细节模糊（图7-21）。

图7-22是一些树木的透视图线稿，绘图时可供参考。

### 7.2.2  灌木的表现技法

平面图中，单株灌木的表示方法与树木相同，如果成丛栽植可以描绘植物组团的轮廓线。自然式栽植的灌丛，轮廓线不规则，修剪的灌丛或绿篱形状规则或不规则但圆滑。

灌木的立面或立体效果的表现方法也与乔木相同，只不过灌木一般无主干，分枝点较低，体量较小，绘制的时候应该抓住每一品种的特点加以描绘（图7-23~图7-25）。

### 7.2.3  草坪的表现技法

在园林景观中，草坪作为景观基底占有很大的面积，在绘制时同样也要注意其表现的方法，最为常用的就是打点法（图7-26）。

打点法：利用小圆点表示草坪，并通过圆点的疏密变化表现明暗或者凸凹效果，并且在树木、道路、建筑物的边缘或者水体边缘的圆点适当加密，以增强图面的立体感和装饰效果。

线段排列法：线段排列要整齐，行间可以有重叠，也可以留有空白，当然也可以用无规律排列的小短线或者线段表示，这一方法常常用于表现管理粗放的草地或者草场。

草坪因其造型的特点，在面和立面的表现上方法差别不大（图7-27至图7-28）。

### 7.2.4  地被的表现技法

地被植物通常低矮，成片成丛生长，适宜用乱线排列或M形线条排列法,地被植被一般利用细线勾勒出栽植范围，然后填充图案（图7-29、图7-30）。

---

**| 思考题 |**

植物造景设计图纸的分类和要求是什么？

**| 作业 |**

1.完成各三张A4大小纸张的植物临摹和写生练习。

2.选择一个植物造景规划设计案例进行分析，了解其设计流程和设计手法。

**| 拓展阅读 |**

1.http：//www.cctv-19.com/Article/2129.html 中华设计师网

2.http：//www.chinabaike.com/z/jz/gh/376087.html 中国百科网

3.http：//www.yasdesign.cn/ 上海易亚源境景观设计有限公司

# 参 考 文 献

[1] (美)诺曼 K.布思.曹礼昆，等，译.风景园林设计要素 [M].北京：中国林业出版社，2009.

[2] (英)克里斯托弗·布里克尔.杨秋生，等，译.世界植物与花卉百科全书[M].郑州：河南科技出版社，2005.

[3] (美)格兰特·W.里德，美国风景园林设计师协会.陈建业，赵寅，译.园林景观设计从概念到形式[M].北京：中国建筑工业出版社，2008.

[4] (美)T.贝尔托斯基.陶琳，等，译.园林设计初步[M].北京：化学工业出版社，2012.

[5] 潘谷西.江南理景艺术[M].南京：东南大学出版社.2003.

[6] 张煜，等.环艺景观效果图基础与应用[M].上海：东华大学出版社，2010.

[7] 尹公.城市绿地建设工程 [M].北京：中国林业出版社，2001.

[8] 何平.城市绿地植物配置及其造景[M].北京：中国林业出版社，2001.

[9] 贾建中.城市绿地规划设计[M].北京：中国林业出版社，2001.

[10] 梁永基.道路广场园林绿地设计[M].北京：中国林业出版社，2001.

[11] 姚时章，蒋中秋.城市绿化设计[M].重庆：重庆大学出版社，2000.

[12] 北植创业汉枫集团.植物彩色图谱（1）（2）[M].沈阳：辽宁科学技术出版社，2002.

[13] 陈其兵.风景园林植物造景[M].重庆：重庆大学出版社，2012.

[14] 苏雪痕.植物景观规划设计[M].北京：中国林业出版社，2012.

[15] (美)南希 A.莱斯辛斯基.卓丽环，等，译.植物景观设计[M].北京：中国林业出版社，2004.

[16] 金煜.园林植物景观设计[M].沈阳：辽宁科学技术出版社，2011.

[17] 北京市公园管理中心.公园植物造景[M].北京：中国建筑工业出版社，2011.

[18] 朱建宁，等.采石场上的记忆.中国园林[J].北京：中国风景园林学会.